Mario Vallorani

LIMITI E CONTINUITÀ

ANALISI MATEMATICA A PORTATA DI CLIC

*alla memoria
di
mia madre*

Indice

Prefazione	v
1 Concetti basati sulla definizione di distanza	**1**
1.1 Distanza tra due numeri reali e sue proprietà	1
1.2 Distanza di un punto da un insieme e distanza tra due insiemi	3
1.3 Limitatezza di un insieme	4
1.4 Intorno simmetrico di un punto	5
1.5 Classificazione dei punti di $\mathbb{R}$ rispetto ad un suo sottoinsieme A	7
1.6 Definizione di punto di accumulazione per un insieme	11
1.7 Dove sono situati i punti di accumulazione di un insieme	13
1.8 Esistenza dei punti di accumulazione di un insieme. Teorema di Bolzano-Weierstrass	15
1.9 Commento al teorema di Bolzano-Weierstrass	19
1.10 Relazione tra gli estremi di un insieme e i punti d'accumulazione di esso	20
1.11 Insieme derivato, apertura e chiusura di un insieme. Punti aderenti ad un insieme	22
Esercizi sugli argomenti trattati nel capitolo 1	**25**
Esercizi sul concetto di distanza	25
Esercizi sui punti d'accumulazione, estremi, insiemi chiusi e aperti, ecc...	26

Risposte agli esercizi del Capitolo 1   **29**

2 Operazione di limite   **33**
    2.1 Operazione di limite 34
    2.2 Commenti alla definizione di limite 38
    2.3 Esercizi sui concetti esposti 44
    2.4 Previsioni possibili circa la natura del limite, se esiste . . 46
    2.5 Informazioni fornite dall'operazione di limite 48
    2.6 Operazioni di limite sinistro e di limite destro 50
    2.7 Limiti di funzioni monotòne 53
    2.8 Infinitesimi ed infiniti. Alcuni teoremi sui limiti 55
    2.9 Operazioni di limite su funzioni elementari 71
    2.10 Come si esegue nella pratica l'operazione di limite 74
    2.11 Uso del Teorema dei carabinieri 83
    2.12 Conseguenze della (2.45) 91
    2.13 Considerazioni conclusive 98
    2.14 Un criterio qualitativo di confronto tra infinitesimi 99
    2.15 Proprietà degli infinitesimi 104
    2.16 Principio di cancellazione degli infinitesimi 106
    2.17 Un criterio quantitativo di confronto tra infinitesimi: ordine d'infinitesimo 109
    2.18 Principio di sostituzione degli infinitesimi 110
    2.19 Infinitesimi equivalenti e loro uso nel principio di sostituzione 112
    2.20 Principio di sostituzione degli infiniti 118
    2.21 Una domanda naturale 122

Esercizi sugli argomenti trattati nel Capitolo 2   **125**
    Sui concetti generali relativi all'operazione di limite 125
    Sulla verifica di definizione di limite 128
       Primo consiglio 129
       Secondo consiglio 130
    Sull'operazione di limite 132

Risposte agli esercizi del Capitolo 2   **141**

3 Continuità di una funzione 145
3.1 Continuità di una funzione in un punto del suo dominio . 145
3.2 Operazione di limite come strumento d'indagine della continuità di una funzione in un punto 149
3.3 Un'altra definizione di funzione continua in un punto . . 151
3.4 Punti singolari di una funzione 153
3.5 Proprietà delle funzioni continue 157
3.6 Come si riconoscono le funzioni continue 164
3.7 Uniforme continuità di una funzione 167
3.8 Riflessioni sul concetto di uniforme continuità ed esempi 169
3.9 Asintoti orizzontali ed obliqui 173
3.10 Funzioni lipschitziane ed hölderiane 177
3.11 Teoremi utili per constatare l'uniforme continuità di una funzione 177
3.12 Schema orientativo di come disegnare i diagrammi cartesiani delle funzioni 181

Esercizi sugli argomenti trattati nel capitolo 3 191
Esercizi su continuità e punti singolari 194

Risposte agli esercizi del Capitolo 3 207

Prefazione

Questo libro fa parte della collana "Analisi matematica a portata di clic" costituita dai seguenti volumi:

- **Funzioni reali di una variabile reale**

- **Limiti e continuità**

- **Derivabilità, diagrammi e formula di Taylor**

- **Integrazione di funzioni reali di una variabile reale**

- **Successioni e serie numeriche**

La caratteristica di questi libri è di esporre i concetti senza fare un grande uso di simboli. Sono infatti convinto che la difficoltà che la maggior parte degli Studenti del primo anno incontra, sta nel fatto che non riesce a recepire i concetti espressi per mezzo di formule, non avendo ancora sufficiente dimestichezza con tale tipo di linguaggio.

Nella loro redazione ho consultato molti testi di analisi matematica in uso presso le nostre Università dai quali ho anche colto lo spunto per qualche dimostrazione ed ho preso qualche esempio particolarmente calzante.

Tali libri, nel loro complesso, coprono abbondantemente il programma di Analisi Matematica 1 delle nostre università e, da quando sono stati pubblicati, hanno aiutato tanti "Studenti in difficoltà" a superare il suddetto esame. Mi auguro che, ora che sono "a portata di clic", ne aiutino un numero sempre maggiore.

* * *

Il libro è suddiviso in tre capitoli.

Nel capitolo 1 viene definita la distanza tra due numeri reali e dati quei concetti che poggiano su di essa, indispensabili per trattare la materia esposta nei capitoli successivi.

Nel capitolo 2 viene illustrata l'operazione di limite.

Nel capitolo 3 viene dato il concetto di continuità di una funzione.

Alla fine di ogni capitolo vi sono degli esercizi proposti, alcuni dei quali sono risolti per dare allo Studente un modello di risoluzione; di quelli non risolti, vengono date le soluzioni. È importante che lo Studente provi a risolverli, perché gli esercizi sono stati scelti in modo da costituire un *test di autovalutazione* della comprensione dei concetti trattati.

A chi non sa "da che parte iniziare", consigliamo di rileggere con maggiore attenzione la teoria contenuta nel capitolo corrispondente.

Ringrazio il professor Andrea Cittadini Bellini per aver curato la grafica del libro e l'ingegner Tomassino Pasqualini per averlo informatizzato.

L'autore

Capitolo 1

Concetti basati sulla definizione di distanza

In questo capitolo vogliamo definire la *distanza* tra due numeri reali ed introdurre quei concetti che poggiano su di essa.

Tali concetti sono indispensabili per definire *l'operazione di limite* e per ben comprendere *il concetto di continuità* di una funzione in un punto x_0 del suo dominio.

1.1 Distanza tra due numeri reali e sue proprietà

Vogliamo qui definire la *distanza* tra due numeri reali x e y.

La rappresentazione cartesiana di $\mathbb{R}$ ci suggerisce la via da seguire.

Poiché x e y sono rispettivamente ascisse di due punti P e Q e questi ultimi determinano il segmento PQ di lunghezza $|x - y|$

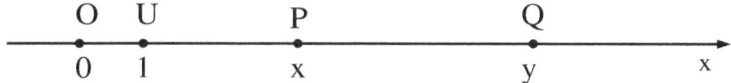

Figura 1.1

viene naturale assumere come distanza tra i numeri x e y la lunghezza di tale segmento e quindi porre la seguente *definizione*:

Definizione di distanza
Dati due numeri reali x e y, si chiama *distanza* tra il numero reale x ed il numero reale y e si denota con il simbolo $d(x,y)$, quel numero (reale) così definito:

$$d(x,y) = |x-y|. \qquad (1.1)$$

Per rendere più espressiva la trattazione, data la corrispondenza biunivoca che esiste tra l'insieme $\mathbb{R}$ e la retta cartesiana, nel seguito chiameremo spesso punti i numeri reali, cioè identificheremo i numeri reali con i punti della retta cartesiana di cui sono ascisse.

Passiamo ora a constatare quali sono le proprietà della distanza.

Le proprietà della distanza tra due punti (numeri) sono tre:

1. $\forall x, y \in \mathbb{R}$ si ha $d(x,y) \geq 0$;   è $d(x,y) = 0$ se e solo se è $x = y$.
2. $\forall x, y \in \mathbb{R}$ si ha $d(x,y) = d(y,x)$.
3. $\forall x, y, z \in \mathbb{R}$ si ha $d(x,y) \leq d(x,z) + d(z,y)$.

Le proprietà 1. e 2. seguono immediatamente dalla definizione di distanza ed invitiamo lo Studente a dimostrarle.

Per quanto riguarda invece la proprietà 3., essa può essere dimostrata così:

$$d(x,y) = |x-y| = |x-z+z-y| = |(x-z)+(z-y)| \leq$$
$$\leq |x-z| + |z-y| = d(x,z) + d(z,y).$$

c.v.d.

Il concetto di distanza tra due punti (numeri) permette di fare tre cose:

a di definire la distanza di un punto da un insieme e la distanza tra due insiemi;

b di dare una nuova definizione di limitatezza di un insieme;

c di definire il concetto di intorno simmetrico di un punto (numero).

Andiamo in ordine!

1.2 Distanza di un punto da un insieme e distanza tra due insiemi

Dati un punto $x_0 \in \mathbb{R}$ e un sottoinsieme non vuoto A di $\mathbb{R}$, sia x il generico elemento di A.

La definizione di distanza tra due punti (numeri) consente di calcolare la distanza $d(x_0, x)$ tra il punto x_0 assegnato e un qualsiasi punto x di A.

Al variare del punto x in A il numero $d(x_0, x)$ descrive l'insieme numerico

$$E = \{u \in [0, +\infty) : u = d(x_0, x), x \in A\}$$

al quale non appartengono numeri negativi.

Poiché l'insieme E è *limitato inferiormente*, il suo estremo inferiore, che denotiamo con il simbolo $d(x_0, A)$, si assume come *distanza del punto x_0 dall'insieme A*; in simboli:

$$d(x_0, A) = \inf E. \tag{1.2}$$

È facile convincersi che:

$$x_0 \in A \quad \text{se e solo se} \quad \inf E = \min E = 0.$$

Seguendo lo stesso ordine di idee possiamo definire la distanza tra due sottoinsiemi non vuoti A e B di $\mathbb{R}$.

Detti rispettivamente x e y i generici elementi di A e di B, al variare di x in A e di y in B, il numero $d(x, y)$ descrive anche qui un insieme numerico

$$E = \{u \in [0, +\infty) : u = d(x, y), x \in A, y \in B\}$$

al quale non appartengono numeri negativi.

Poiché (anche qui) l'insieme E è *limitato inferiormente*, il suo estremo inferiore, che denotiamo con $d(A, B)$, si assume come *distanza tra gli insiemi A e B*; in simboli:

$$d(A, B) = \inf E. \tag{1.3}$$

È facile convincersi che:

$$A \cap B \neq \emptyset \quad \text{se e solo se} \quad \inf E = \min E = 0.$$

Definiamo ora *la limitatezza di un insieme*!

1.3 Limitatezza di un insieme

Nel libro "Funzioni reali di una variabile reale" abbiamo dato la definizione di insieme limitato.

Tale definizione è basata sull'ordinamento dei numeri reali. Vogliamo ora vedere come si può dare una definizione di insieme limitato, a partire dalla definizione di distanza tra due punti (numeri).

Dato un sottoinsieme non vuoto A di $\mathbb{R}$, siano x e y due generici punti di esso.

Al variare, in tutti i modi possibili, di x e y in A, il numero $d(x,y)$ descrive l'insieme numerico

$$E = \{u \in [0, +\infty) : u = d(x,y), x, y \in A\}.$$

L'estremo superiore di E si chiama *diametro* o *ampiezza* di A; in simboli:

$$\text{diametro (o ampiezza) di } A = \sup E \leq +\infty. \tag{1.4}$$

Se risulta $sup E < +\infty$, si dice che l'insieme A è un *insieme limitato* altrimenti che è un *insieme illimitato*.

È facile convincersi che se un insieme A è limitato secondo la definizione data nel libro "Funzioni reali di una variabile reale", lo è anche secondo la definizione ora data e viceversa.

È facile dimostrare, ed invitiamo lo Studente a farlo, che:

$$\text{diametro (o ampiezza) di } A = \Lambda_A(\sup A) - \lambda_A(\inf A).$$

Definiamo ora *l'intorno simmetrico di un punto (numero)* !

1.4 Intorno simmetrico di un punto

Definizione di intorno simmetrico di un punto
Dato un punto (numero) $x_0 \in \mathbb{R}$ ed un numero reale $\delta > 0$, si chiama *intorno simmetrico di centro x_0 e raggio δ* , e si denota con il simbolo $I(x_0, \delta)$, l'insieme di tutti i numeri reali che hanno da x_0 una distanza minore di δ.

In simboli:

$$I(x_0, \delta) = \{x \in \mathbb{R} : d(x_0, x) < \delta\}. \tag{1.5}$$

Poiché è $d(x_0, x) = d(x, x_0) = |x - x_0|$, la (1.5) può essere scritta così:

$$\begin{aligned} I(x_0, \delta) &= \{x \in \mathbb{R} : |x - x_0| < \delta\} = \\ &= \{x \in \mathbb{R} : -\delta < x - x_0 < \delta\} = \\ &= \{x \in \mathbb{R} : x_0 - \delta < x < x_0 + \delta\} = \\ &= (x_0 - \delta, x_0 + \delta) \end{aligned} \tag{1.6}$$

La (1.6) consente di concludere:

– L'intorno simmetrico di un punto x_0, qualunque sia il raggio δ, è un intervallo limitato ed aperto e pertanto rappresentabile con un segmento della retta cartesiana (privo di estremi) del quale il punto P_0 di ascissa x_0 è il punto medio:

Figura 1.2

Conseguenze immediate della definizione di intorno simmetrico di un punto sono le due proprietà seguenti:

1. ogni punto $x_0 \in \mathbb{R}$ ha infiniti intorni simmetrici: uno per ogni scelta del raggio δ ;

2. ogni punto $x_0 \in \mathbb{R}$ appartiene a ciascuno dei suoi infiniti intorni simmetrici[1].

Nel seguito, per brevità di linguaggio, diremo semplicemente "intorno di un punto", invece di "intorno simmetrico di un punto".[2]

Ci chiediamo ora:

– A che serve aver introdotto il concetto di intorno di un punto?

Il concetto di intorno di un punto permette di fare due cose:

1. di classificare i punti di $\mathbb{R}$, rispetto ad un suo sottoinsieme A, in:

    – punti interni ad A

    – punti esterni ad A

    – punti di frontiera per A

2. di definire il concetto di *punto d'accumulazione* per A.

---

[1] Oltre a queste due proprietà, gli intorni simmetrici di uno stesso punto ne hanno altre. Non ci occupiamo qui di esse perché non abbiamo occasione di farne uso in questo libro.

[2] Veramente il concetto di *intorno di un punto* è più generale di quello di *intorno simmetrico* (di un punto), nel senso che ogni intorno simmetrico di un punto x_0 è un intorno di esso, ma non è vero il viceversa. La definizione di intorno di un punto $x_0 \in \mathbb{R}$ è infatti questa: dato un punto $x_0 \in \mathbb{R}$ si chiama intorno di esso, ogni intervallo limitato ed aperto (a, b) a cui x_0 appartiene. Se è ad esempio $x_0 = 5$, gli intervalli $(1, 7), (3, 10), (-5, 21), (1, 9)$ costituiscono quattro esempi di intorni di esso; dei quattro intervalli solo $(1, 9)$ è un intorno simmetrico. Nel seguito ci riferiremo solo ad intorni simmetrici e li chiameremo intorni.

1.5 Classificazione dei punti di $\mathbb{R}$ rispetto ad un suo sottoinsieme A

Partiamo con le definizioni!

> *Definizione di punto interno*
> Dato un insieme A di numeri reali, si dice che un punto $x_0 \in \mathbb{R}$ è un *punto interno* ad A se, tra i suoi infiniti intorni, ne esiste almeno uno costituito esclusivamente da punti di A.

In simboli:

$$\exists\, \overline{\delta} > 0 : I(x_0, \overline{\delta}) \subset A.$$

Conseguenze immediate di tale definizione sono:

I. se x_0 è un *punto interno* ad A allora $x_0 \in A$;

II. se x_0 è un *punto interno* ad A allora, non solo uno, ma infiniti dei suoi infiniti intorni sono contenuti in A.

La conseguenza I. è evidente; la II. può essere provata così:
Poiché x_0 è un punto interno ad A allora esiste almeno un intorno $I(x_0, \overline{\delta})$ di esso contenuto in A; ogni intorno $I(x_0, \delta)$ con $\delta < \overline{\delta}$, essendo contenuto in $I(x_0, \overline{\delta})$ è contenuto in A. Essendo poi infiniti gli intorni di x_0 con raggio $\delta < \overline{\delta}$ abbiamo provato la conseguenza II.

c.v.d.

> *Definizione di punto esterno*
> Dato un insieme A di numeri reali, si dice che un punto $x_0 \in \mathbb{R}$ è un *punto esterno* ad A se, tra i suoi infiniti intorni, ne esiste almeno uno costituito esclusivamente da punti di $\mathbb{R} - A$.

In simboli:
$$\exists\, \bar{\delta} > 0 : I(x_0, \bar{\delta}) \subset \mathbb{R} - A$$
oppure
$$\exists\, \bar{\delta} > 0 : I(x_0, \bar{\delta}) \cap A = \emptyset.$$

Conseguenze immediate di tale definizione sono:

I. se x_0 è un *punto esterno* ad A allora $x_0 \notin A$;

II. se x_0 è un *punto esterno* ad A allora, non solo uno, ma infiniti dei suoi infiniti intorni sono contenuti in $\mathbb{R} - A$.

Anche qui la conseguenza I. è evidente; la II. si prova in modo analogo a come abbiamo provato la conseguenza II. della definizione di punto interno e pertanto la dimostrazione viene lasciata come esercizio allo Studente.

Definizione di punto di frontiera

Dato un insieme A di numeri reali, si dice che un punto $x_0 \in \mathbb{R}$ è un *punto di frontiera* per A se, a ciascuno dei suoi infiniti intorni, appartengono sia punti di A che di $\mathbb{R} - A$.

In simboli:
$$\forall \delta > 0 \;\; \text{si ha} \;\; \begin{cases} I(x_0, \delta) \cap A \neq \emptyset \\ I(x_0, \delta) \cap (\mathbb{R} - A) \neq \emptyset \end{cases}$$

Dalla definizione di punto di frontiera per A non segue né che i punti di frontiera per A appartengono ad A né che appartengono ad $\mathbb{R} - A$. Possiamo allora concludere:

$$\text{se } x_0 \in A \text{ allora} \begin{cases} \text{o } x_0 \text{ è punto interno ad } A \\ \text{o } x_0 \text{ è punto di frontiera per } A \end{cases}$$

$$\text{se } x_0 \notin A \text{ allora} \begin{cases} \text{o } x_0 \text{ è punto esterno ad } A \\ \text{o } x_0 \text{ è punto di frontiera per } A \end{cases}$$

L'insieme dei punti di frontiera per A si chiama *frontiera* di A e si denota con il simbolo ∂A.

§ 1.5 Classificazione dei punti di $\mathbb{R}$ rispetto ad un suo sottoinsieme A

Se tutti i punti di ∂A appartengono ad A allora si dice che A è un *insieme chiuso*.

Se nessun punto di ∂A appartiene ad A allora si dice che A è un *insieme aperto*.

Se qualche punto della ∂A appartiene ad A e qualche altro a $\mathbb{R} - A$ allora si dice che A è un insieme né *aperto* né *chiuso*.

Chiariamo le definizioni date con degli esempi.

Esempio 1.1 $A = (0, 5]$

- l'insieme dei punti interni è $(0, 5)$
- l'insieme dei punti esterni è $(-\infty, 0) \cup (5, +\infty)$
- l'insieme dei punti di frontiera è $\{0, 5\}$ quindi $\partial A = \{0, 5\}$.

Figura 1.3

Siccome $0 \notin A$ e $5 \in A$ allora A è un insieme né aperto né chiuso.

Esempio 1.2 $A = (-5, 3] \cup [7, 20] \cup \{25, 30\}$

- l'insieme dei punti interni è $(-5, 3) \cup (7, 20)$
- l'insieme dei punti esterni è $(-\infty, -5) \cup (3, 7) \cup (20, 25) \cup (25, 30) \cup$
  $\cup (30, +\infty)$
- l'insieme dei punti di frontiera è $\{-5, 3, 7, 20, 25, 30\}$ quindi $\partial A = \{-5, 3, 7, 20, 25, 30\}$.

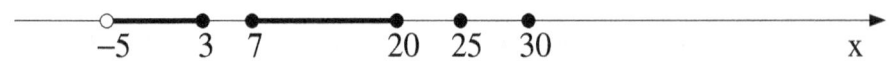

Figura 1.4

Siccome $-5 \notin A$ e $3, 7, 20, 25, 30 \in A$ allora A è un insieme né aperto né chiuso.

Esempio 1.3 $A = \mathbb{N} = \{1, 2, 3, ..., n, ...\}$ *insieme dei numeri naturali.*

- *l'insieme dei punti interni è $\emptyset$*
- *l'insieme dei punti esterni è $\mathbb{R} - \mathbb{N}$*
- *l'insieme dei punti di frontiera è $\mathbb{N}$ quindi $\partial \mathbb{N} = \mathbb{N}$*

Figura 1.5

Siccome l'insieme $\mathbb{N}$ non ha punti interni e tutti i punti di $\mathbb{R} - \mathbb{N}$ sono punti esterni ad esso, segue che $\partial \mathbb{N} = \mathbb{N}$ e pertanto $\mathbb{N}$ è un insieme chiuso.

Esempio 1.4 $A = \mathbb{Q}$ *insieme dei numeri razionali relativi.*
   Se $x_0 \in \mathbb{Q}$ a-priori può essere o punto interno a $\mathbb{Q}$ o punto di frontiera per $\mathbb{Q}$. Poiché ad ogni intorno di x_0 appartengono sia punti di

$\mathbb{Q}$ che di $\mathbb{R} - \mathbb{Q}$ *(i numeri razionali e irrazionali sono infatti mescolati) concludiamo che* $x_0 \in \partial \mathbb{Q}$.

Se $x_1 \notin \mathbb{Q}$ *a-priori può essere o punto esterno a* $\mathbb{Q}$ *o punto di frontiera per* $\mathbb{Q}$. *Anche qui, poiché ad ogni intorno di* x_1 *appartengono sia punti di* $\mathbb{Q}$ *che di* $\mathbb{R} - \mathbb{Q}$ *concludiamo che* $x_1 \in \partial \mathbb{Q}$.

Figura 1.6

Riassumendo:

- *l'insieme dei punti interni è* $\emptyset$

- *l'insieme dei punti esterni è* $\emptyset$

- *l'insieme dei punti di frontiera è* $\mathbb{Q} \cup (\mathbb{R} - \mathbb{Q}) = \mathbb{R}$ *quindi* $\partial \mathbb{Q} = \mathbb{R}$

e pertanto l'insieme $\mathbb{Q}$ *è un insieme né aperto né chiuso.*

Diamo finalmente la definizione di *punto d'accumulazione* per un insieme!

1.6 Definizione di punto di accumulazione per un insieme

Definizione di punto d'accumulazione
Dato un insieme A di numeri reali, si dice che un punto $x_0 \in \mathbb{R}$ è un *punto d'accumulazione* per A se a ciascuno dei suoi infiniti intorni, privato del punto x_0, appartiene almeno un punto x di A.

In simboli:

$$\forall \delta > 0 \quad \text{si ha} \quad \big(I(x_0, \delta) - \{x_0\}\big) \cap A \neq \emptyset.$$

Da tale definizione segue il teorema:

Teorema 1.1 *Se x_0 è un punto d'accumulazione per A allora a ciascuno dei suoi infiniti intorni appartengono infiniti punti di A.*

Dimostrazione
Ragioniamo per assurdo!
Supponiamo che esista un intorno $I(x_0, \overline{\delta})$ di x_0, al quale appartengano solo un numero finito di punti di A; denotiamo con $x_1, x_2, ..., x_n$ tali punti e con $\overline{x}$ quello di essi che è il "più vicino" a x_0:

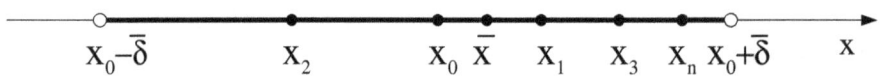

Figura 1.7

Se consideriamo allora un intorno di x_0 avente raggio $< d(x_0, \overline{x})$, a tale intorno non appartiene alcun punto x di A.
Ciò è però assurdo poiché per ipotesi x_0 è punto d'accumulazione per A.

c.v.d.

Dal *Teorema 1.1* segue che:

- se un insieme A di numeri reali è dotato di qualche punto d'accumulazione allora è un *insieme infinito*;

- se un insieme A è *finito*, sicuramente non ha punti d'accumulazione.

§ 1.7 Dove sono situati i punti di accumulazione di un insieme

Si pone ora naturale il *problema*:

Dato un *insieme infinito A*, è esso dotato di qualche punto d'accumulazione?

In altre parole: l' "essere un insieme A infinito" costituisce una *condizione sufficiente* oltre che *necessaria* per l'esistenza di punti d'accumulazione per esso?

Prima di affrontare tale problema vediamo dove sono situati, rispetto ad un insieme (che li ha), i suoi punti d'accumulazione.

1.7 Dove sono situati i punti di accumulazione di un insieme

Dato un insieme A di numeri reali, sappiamo che i punti di $\mathbb{R}$, rispetto ad A, si suddividono in :

- punti interni ad A

- punti esterni ad A

- punti di frontiera per A

È facile convincersi che:

- tutti i *punti interni* ad A sono punti d'accumulazione per A;

- nessun *punto esterno* ad A è punto d'accumulazione per A;

- per quanto riguarda i punti di ∂A, esistono esempi di punti di ∂A che sono d'accumulazione per A ed esempi di punti di ∂A che non lo sono.

Chiariamo la questione con un esempio.

Esempio 1.5   *Sia $A = [1, 10) \cup \{30\}$*

I punti di ∂A sono: 1, 10 e 30; mentre i punti 1 e 10 sono di accumulazione per A, il punto 30 non lo è.

Figura 1.8

Il seguente teorema risolve parzialmente la questione.

Teorema 1.2 *Dato un insieme A di numeri reali, se $x_0 \in \partial A$ e $x_0 \notin A$ allora sicuramente x_0 è punto d'accumulazione per A.*

Dimostrazione
È semplice e viene lasciata come esercizio allo Studente.

Tale teorema nulla dice circa i punti di ∂A che appartengono ad A. Per poter decidere se questi ultimi sono oppure no punti d'accumulazione per A, si deve ricorrere alla definizione di punto d'accumulazione e vedere se è verificata oppure no.

I punti di ∂A che appartengono ad A e che non sono punti d'accumulazione per esso, si chiamano *punti isolati* di A.

Riassumendo e concludendo:

1. Dato un *insieme infinito* A, sono sicuramente suoi punti d'accumulazione

    – tutti i suoi punti interni
    – tutti i punti della sua frontiera che non gli appartengono.

    Per quanto riguarda i punti di ∂A che gli appartengono, possono essere per A: o *punti d'accumulazione* o *punti isolati*.

2. Dato un *insieme finito* A, esso non ha *punti d'accumulazione*; siccome i *punti interni* ad un insieme sono *punti d'accumulazione* per esso, concludiamo che l'insieme A non ha punti interni, cioè è costituito esclusivamente da *punti di frontiera*. Non esistendo poi punti di frontiera che non appartengono ad A, in quanto questi ultimi

sarebbero punti d'accumulazione per esso, si ha che è $A = \partial A$ e quindi A è un *insieme chiuso*.

Occupiamoci ora dell'esistenza di punti d'accumulazione per un insieme.

1.8 Esistenza dei punti di accumulazione di un insieme. Teorema di Bolzano-Weierstrass

Vogliamo ora vedere se l'"essere un insieme A infinito" gli garantisce di possedere qualche punto d'accumulazione.

Se riusciamo a trovare un esempio di insieme infinito che sia privo di punti d'accumulazione, concludiamo che l' "essere infinito" costituisce una *condizione necessaria* ma *non sufficiente* per l'esistenza di questi ultimi.

Un esempio è $A = \mathbb{N}$.

Tutti i punti di $\mathbb{N}$ sono infatti *punti isolati*; tutti i punti di $\mathbb{R} - \mathbb{N}$ sono *punti esterni* ad $\mathbb{N}$ e pertanto non sono punti d'accumulazione per esso.

Concludendo possiamo allora dire:

– l'insieme $\mathbb{N}$, pur essendo infinito, non ha punti d'accumulazione in $\mathbb{R}$ quindi l' "essere infinito" costituisce una *condizione necessaria* ma *non sufficiente* per l'esistenza di punti d'accumulazione in $\mathbb{R}$ di un insieme di numeri reali.

Ci chiediamo allora:

Quale altra ipotesi, oltre ad "essere infinito" deve soddisfare un sottoinsieme A di $\mathbb{R}$, affinché abbia punti d'accumulazione in $\mathbb{R}$?

Una risposta la dà il *teorema di Bolzano-Weierstrass*.

Teorema 1.3 *(Teorema di Bolzano-Weierstrass)*
Dato un insieme A di numeri reali, se A è:

– *infinito*,

– *limitato*,

allora
esso è dotato di almeno un punto d'accumulazione in $\mathbb{R}$.

Dimostrazione
Essendo A limitato, esso è dotato di infiniti minoranti e di infiniti maggioranti in $\mathbb{R}$.

Se fissiamo a piacere un minorante a_0 e un maggiorante b_0, A è sicuramente sottoinsieme dell'intervallo chiuso e limitato $[a_0, b_0]$:

$$A \subset [a_0, b_0].$$

Suddividiamo l'intervallo $[a_0, b_0]$ in due intervalli uguali

$$[a_0, \frac{a_0 + b_0}{2}] \quad e \quad [\frac{a_0 + b_0}{2}, b_0]. \tag{1.7}$$

Essendo A infinito, ad almeno uno dei due intervalli appartengono infiniti punti di esso; denotiamo con $[a_1, b_1]$ tale intervallo[3].

Sicuramente risulta:

$$a_0 \leq a_1 < b_1 \leq b_0 \quad e \quad b_1 - a_1 = \frac{b_0 - a_0}{2}.$$

Ripetiamo sull'intervallo $[a_1, b_1]$ l'operazione fatta sull'intervallo $[a_0, b_0]$ ottenendo così i due intervalli: $[a_1, \frac{a_1+b_1}{2}]$ e $[\frac{a_1+b_1}{2}, b_1]$.

Poiché ad almeno uno dei due appartengono infiniti punti di A, denotiamo con $[a_2, b_2]$ tale intervallo.

Si ha allora:

$$a_0 \leq a_1 \leq a_2 < b_2 \leq b_1 \leq b_0 \quad e \quad b_2 - a_2 = \frac{b_0 - a_0}{2^2}.$$

Ripetendo indefinitamente la stessa operazione, otteniamo gli infiniti intervalli:

$$[a_0, b_0], [a_1, b_1], [a_2, b_2], \ldots, [a_n, b_n], \ldots$$

---

[3]Se ad entrambi gli intervalli (1.7) appartengono infiniti punti di A, denotiamo con $[a_1, b_1]$ uno dei due scelto ad arbitrio. Se scegliamo $[a_0, \frac{a_0+b_0}{2}]$ si ha: $a_0 = a_1 < b_1 < b_0$; se scegliamo invece $[\frac{a_0+b_0}{2}, b_0]$ si ha allora: $a_0 < a_1 < b_1 \leq b_0$.

§ 1.8 Teorema di Bolzano-Weierstrass

il generico dei quali ha ampiezza[4]:

$$b_n - a_n = \frac{b_0 - a_0}{2^n}$$

ed ha, tra i suoi punti, infiniti punti di A.

Il procedimento seguito ci ha portato alla costruzione dei due insiemi di numeri:

$$E_1 = \{a_0, a_1, a_2, ..., a_n, ...\}$$

ed

$$E_2 = \{b_0, b_1, b_2, ..., b_n, ...\}$$

ed è facile convincersi che:

I. l'insieme E_1 è *limitato superiormente* perché ogni punto di E_2 è un *maggiorante* per esso;

II. l'insieme E_2 è *limitato inferiormente* perché ogni punto di E_1 è un *minorante* per esso;

III. tra l'*estremo superiore* di E_1 e l'*estremo inferiore* di E_2 vi è la relazione evidente:

$$\sup E_1 \leq \inf E_2 \tag{1.8}$$

Proviamo ora che nella (1.8) può valere solo il segno di uguaglianza, cioè che:

$$sup E_1 = inf E_2 = \xi. \tag{1.9}$$

Poiché $\forall n \in \mathbb{N}$ risulta:

$$a_n \leq \sup E_1, \quad b_n \geq \inf E_2, \quad b_n - a_n = \frac{b_0 - a_0}{2^n}$$

si ha:

$$\inf E_2 - \sup E_1 \leq b_n - a_n = \frac{b_0 - a_0}{2^n}$$

---

[4]Ricordiamo che dato un intervallo limitato di estremi a e b, chiuso oppure no, si chiama *ampiezza* dell'intervallo il numero positivo $b - a$

da cui
$$\inf E_2 - \sup E_1 \leq \frac{b_0 - a_0}{2^n}. \tag{1.10}$$

Dovendo la (1.10) essere verificata per ogni $n \in \mathbb{N}$ deve risultare $\inf E_2 - \sup E_1 = 0$. Se fosse infatti $\inf E_2 - \sup E_1 > 0$, la (1.10) sarebbe verificata solo per $n < \log_2 \frac{b_0 - a_0}{\inf E_2 - \sup E_1}$.

Conclusione: la (1.9) è vera.

Facciamo ora vedere che il punto ξ è un punto d'accumulazione per A. A tale scopo basta provare che il punto ξ verifica la definizione di punto d'accumulazione, cioè che

$$\forall \delta > 0 \quad \text{si ha} \quad (I(\xi, \delta) - \{\xi\}) \cap A \neq \emptyset.$$

Tenendo presente che

$$\forall n \in \mathbb{N} \quad \text{si ha} \quad a_n \leq \xi \leq b_n$$

e che

$$I(\xi, \delta) = (\xi - \delta, \xi + \delta),$$

se comunque si fissi un $\delta > 0$ riusciamo a trovare un $\overline{n}$ tale da risultare

$$\xi - \delta < a_{\overline{n}} \quad \text{e} \quad b_{\overline{n}} < \xi + \delta$$

risulterà anche

$$[a_{\overline{n}}, b_{\overline{n}}] \subset (\xi - \delta, \xi + \delta)$$

e poiché ad $[a_{\overline{n}}, b_{\overline{n}}]$ appartengono infiniti punti di A, questi ultimi appartengono anche a $(\xi - \delta, \xi + \delta)$ e pertanto ξ è punto d'accumulazione per A.

Tale scelta è possibile; basta infatti scegliere un $\overline{n}$ che sia soluzione della disequazione $\frac{b_0 - a_0}{2^{\overline{n}}} < 2\delta$ vale a dire un $\overline{n} > \log_2 \frac{b_0 - a_0}{2\delta}$.

c.v.d.

Facciamo ora un breve commento al teorema che abbiamo dimostrato.

1.9 Commento al teorema di Bolzano-Weierstrass

Nel paragrafo precedente abbiamo visto che il solo fatto che un insieme A sia *infinito* non assicura l'esistenza in $\mathbb{R}$ di punti d'accumulazione per esso.

Tale esistenza è invece assicurata se l'insieme A oltre ad essere *infinito* è anche *limitato*.

Viene allora naturale chiedersi:

Possono esistere insiemi infiniti che pur non essendo limitati hanno punti d'accumulazione in $\mathbb{R}$?

Se insiemi siffatti esistono, concluderemo che le ipotesi del *Teorema di Bolzano-Weierstrass* costituiscono una *condizione sufficiente ma non necessaria* per tale esistenza, altrimenti costituiscono una condizione *necessaria e sufficiente*.

Se pensiamo ad un qualunque intervallo del tipo $(a, +\infty)$ abbiamo la risposta.

Per quanto abbiamo infatti detto nel paragrafo 1.6, poiché sia a che ogni punto di tale intervallo è punto d'accumulazione per esso, concludiamo che le ipotesi del *Teorema di Bolzano-Weierstrass* costituiscono una *condizione sufficiente* (ma *non necessaria*) affinché un insieme A di numeri reali abbia punti d'accumulazione in $\mathbb{R}$.

Riassumendo il tutto possiamo allora elaborare il seguente schema:

$$A \begin{cases} finito \Rightarrow \text{non ha punti di accumulazione} \\ \\ infinito \begin{cases} limitato \Rightarrow & \text{ha almeno un punto di accumulazione} \\ & \text{in } \mathbb{R} \text{ per il Teorema di Bolzano-Weierstrass} \\ \\ illimitato \Rightarrow & \text{può avere oppure no punti di} \\ & \text{accumulazione in } \mathbb{R} \end{cases} \end{cases}$$

Per terminare questo breve commento aggiungiamo che il *Teorema di Bolzano-Weierstrass* è uno dei teoremi che in matematica vengono chiamati teoremi esistenziali; esso infatti assicura l'esistenza in $\mathbb{R}$ di punti d'accumulazione per un insieme, ma non dice né quanti ne esistono, né quali sono.

Per risolvere questi problemi invitiamo lo Studente a rileggersi quanto abbiamo detto nel paragrafo 1.7.

Vediamo ora quali relazioni esistono tra gli estremi di un insieme ed i punti d'accumulazione di esso.

1.10 Relazione tra gli estremi di un insieme e i punti d'accumulazione di esso

Dato un sottoinsieme A di $\mathbb{R}$ siano λ e Λ i suoi estremi. Se A è *limitato* allora λ e Λ sono due numeri, cioè due elementi di $\mathbb{R}$ e sono per A *punti di frontiera*; se λ e $\Lambda \notin A$ sono quindi *punti d'accumulazione* per A.

Se A è *illimitato*, ad esempio superiormente, allora è $\Lambda = +\infty$. Sicuramente $\Lambda \notin A$ in quanto non appartiene nemmeno ad $\mathbb{R}$ e quindi si pone la questione di vedere se $+\infty$ è da riguardare oppure no come punto d'accumulazione per A.

Tale questione viene studiata in *Topologia* ed il risultato di tale studio è questo:

1. se l'insieme A è *illimitato superiormente* allora $\Lambda = +\infty$ si considera *punto d'accumulazione* per A se si riguarda A come sottoinsieme di $\widetilde{\mathbb{R}}$ anziché di $\mathbb{R}$.

2. se l'insieme A è *illimitato inferiormente* allora $\lambda = -\infty$ si considera *punto d'accumulazione* per A se si riguarda A come sottoinsieme di $\widetilde{\mathbb{R}}$ anziché di $\mathbb{R}$.

Nel seguito riguarderemo gli insiemi con cui avremo a che fare come sottoinsiemi di $\widetilde{\mathbb{R}}$ per cui lo schema elaborato nel paragrafo precedente

§ 1.10 Relazione estremi-punti d'accumulazione

va completato così:

$$A \begin{cases} finito \Rightarrow \text{non ha punti di accumulazione} \\ infinito \begin{cases} limitato \Rightarrow & \text{ha almeno un punto di accumulazione} \\ & \text{in } \mathbb{R} \text{ per il teorema di Bolzano-Weierstrass} \\ illimitato \Rightarrow & \text{può avere oppure no punti di} \\ & \text{accumulazione in } \mathbb{R}; \text{ sicuramente} \\ & \text{ha } +\infty, -\infty \text{ o entrambi come} \\ & \text{punti di accumulazione in } \widetilde{\mathbb{R}}. \end{cases} \end{cases}$$

Per completare, dato che considereremo sempre i nostri insiemi come sottoinsiemi di $\widetilde{\mathbb{R}}$ anziché di $\mathbb{R}$ definiamo che cosa di deve intendere per *intorno di* $+\infty$ *e di* $-\infty$.

Si danno le seguenti definizioni:

Definizione di intorno di $+\infty$
Fissato un numero $\delta > 0$**, si chiama *intorno di centro* $+\infty$ *e raggio* δ e si denota con il simbolo $I(+\infty, \delta)$, l'insieme di tutti i numeri reali maggiori di δ.**

In simboli:
$$I(+\infty, \delta) = \{x \in \mathbb{R} : x > \delta\} = (\delta, +\infty)$$

Figura 1.9

Definizione di intorno di $-\infty$
Fissato un numero $\delta > 0$**, si chiama *intorno di centro* $-\infty$ *e raggio* δ e si denota con il simbolo $I(-\infty, \delta)$, l'insieme di tutti i numeri reali minori di $-\delta$.**

In simboli:

$$I(-\infty, \delta) = \{x \in \mathbb{R} : x < -\delta\} = (-\infty, -\delta)$$

Figura 1.10

Con le definizioni date anche $+\infty$ e $-\infty$, al pari di ogni punto $x_0 \in \mathbb{R}$, sono dotati di infiniti intorni.

Le particolarità di tali intorni sono due:

1. all'aumentare del raggio δ, tali intorni si "restringono".

2. nella rappresentazione cartesiana di $\mathbb{R}$, tutti i punti x degli intorni di $+\infty$, stanno alla sua sinistra, mentre quelli degli intorni di $-\infty$, alla sua destra.

Per terminare, diamo alcune definizioni di uso corrente in Analisi Matematica.

1.11 Insieme derivato, apertura e chiusura di un insieme. Punti aderenti ad un insieme

Diamo subito le definizioni!

> *Definizione di insieme derivato*
> Dato un insieme A di numeri reali, si chiama *insieme derivato* di A e si denota con il simbolo A', l'insieme di tutti i punti d'accumulazione per A.

§ 1.11 Insieme derivato, apertura, chiusura, punti aderenti

Definizione di apertura di un insieme
Dato un insieme A di numeri reali, si chiama *apertura* di A e si denota con il simbolo $\mathring{A}$, l'insieme di tutti i punti interni ad A.

Definizione di chiusura di un insieme
Dato un insieme A di numeri reali, si chiama *chiusura* di A e si denota con il simbolo $\overline{A}$, l'insieme di tutti i punti interni e di frontiera di A.

Dalle definizioni date segue che:

1. se un insieme A è aperto, esso coincide con la sua apertura: $A = \mathring{A}$;

2. se un insieme A è chiuso, esso coincide con la sua chiusura: $A = \overline{A}$;

3. se un insieme A non è né aperto né chiuso, si ha invece: $\mathring{A} \subset A \subset \overline{A}$.

In generale possiamo allora scrivere:
$$\forall A \subset \widetilde{\mathbb{R}} \quad \text{si ha} \quad \mathring{A} \subseteq A \subseteq \overline{A}.$$

Un'altra definizione di uso corrente è quella di *punto aderente* ad un insieme.
Diamola!

Definizione di punto aderente
Dato un insieme A di numeri reali, si dice che un punto $x_0 \in \widetilde{\mathbb{R}}$ è un *punto aderente* ad A se, a ciascuno dei suoi infiniti intorni, appartiene almeno un punto x di A.

In simboli:
$$\forall \delta > 0 \quad \text{si ha} \quad I(x_0, \delta) \cap A \neq \emptyset. \tag{1.11}$$

Da tale definizione segue che sono *punti aderenti* ad un dato insieme A:

– tutti i suoi punti d'accumulazione

– tutti i suoi punti isolati

in altre parole: l'insieme dei punti aderenti ad un insieme A non è altro che la sua chiusura.

Non insistiamo ulteriormente su tali definizioni perché non ne faremo uso in questo libro; le abbiamo riportate qui solo perché uno Studente che legga qualche altro libro di Analisi Matematica non si senta disorientato.

Passiamo ora a parlare dell'operazione di limite, però invitiamo prima lo Studente a risolvere gli esercizi che trova qui proposti.

Esercizi sugli argomenti trattati nel Capitolo 1

Esercizi sul concetto di distanza

Esercizio 1.1 *Dato l'insieme $A=(-5,0] \cup (4,10] \cup \{20\}$, calcolare*

1. *d(-4, A)*
2. *d(3,A)*
3. *d(18,A)*
4. *d(25,A)*
5. *il diametro di A*

Esercizio 1.2 *Dato un sottoinsieme non vuoto A di $\mathbb{R}$ ed un punto $x_0 \in \mathbb{R}$, dire quali delle seguenti affermazioni sono sempre vere, quali sempre false, per quali la verità dipende da A e x_0.*

1. *Se $x_0 \in A$ allora $d(x_0, A) = 0$*
2. *Se $d(x_0, A) = 0$ allora $x_0 \in A$*
3. *Se $d(x_0, A) > 0$ allora x_0 è punto esterno ad A*
4. *Se x_0 è punto esterno ad A, allora $d(x_0, A) > 0$*
5. *$\overline{A}$ (insieme chiusura di A) $=\{x_0 \in \mathbb{R} : d(x_0, A) = 0\}$*

Esercizio 1.3 *Dato l'insieme $A=\{x_n \in \mathbb{R} : x_n = \frac{1}{n}, n \in \mathbb{N}\}$, calcolare*

1. $d(0, A)$
2. $d(1,A)$
3. $d(2,A)$
4. $d(-1,A)$
5. *il diametro (ampiezza) di A*
6. *il raggio δ del "più ampio" intorno di $x_n (n \geq 2)$ al quale non appartengono altri punti di A*

Esercizio 1.4 *Dati due sottoinsiemi non vuoti A e B di $\mathbb{R}$, dire quali delle seguenti affermazioni sono sempre vere, quali sempre false, per quali la veritá dipende da A e B.*

1. Se $A \cap B \neq \emptyset$ allora $d(A,B) = 0$
2. Se $d(A,B) = 0$ allora $A \cap B \neq \emptyset$
3. Se $d(A,B) = 0$ allora $\partial A \cap \partial B \neq \emptyset$
4. Se $\partial A \cap \partial B \neq \emptyset$ allora $d(A,B) = 0$

Esercizi sui punti d'accumulazione, estremi, insiemi chiusi e aperti, ecc ...

Prima di risolvere gli esercizi qui di seguito proposti, consigliamo allo Studente di rileggere il paragrafo 1.17 del libro "Funzioni reali di una variabile reale".

Esercizio 1.5 *Trovare i punti di accumulazione degli insiemi $\mathbb{N}, \mathbb{Z}, \mathbb{Q}, \mathbb{R} - \mathbb{Q}$ riguardati come sottoinsiemi di $\widetilde{\mathbb{R}}$*

Esercizio 1.6 *Dato l'insieme $A=\{-5\} \cup (3, 10] \cup \{15\}$, dire quale è:*

1. la sua apertura $\mathring{A}$

2. la sua chiusura $\overline{A}$

3. il suo insieme derivato A'

Esercizio 1.7 *Dato l'insieme*
$A = \{x_n \in \mathbb{R} : x_n = [1 + (-1)^n] \cdot \frac{n-1}{n}, n \in \mathbb{N}\}$, *dire:*

1. *quali sono i suoi estremi λ e Λ*

2. *se λ e Λ sono anche punti di accumulazione per esso.*

Esercizio 1.8 *Dato l'insieme $A = \{x_n \in \mathbb{R} : x_n = \sin(\frac{3}{4}n!\pi), n \in \mathbb{N}\}$, ove $n! = n \cdot (n-1) \cdot (n-2) \cdots 2 \cdot 1$, dire:*

1. *se A è limitato*

2. *quali sono i suoi estremi*

3. *quale è la sua apertura $\mathring{A}$*

4. *quale è la sua chiusura $\overline{A}$*

Esercizio 1.9 *Dato l'insieme*
$A = \{x_n \in \mathbb{R} : x_n = \frac{1}{\log_2 n}, n \in \mathbb{N} - \{1\}\} \subset \widetilde{\mathbb{R}}$, *dire:*

1. *quale è l'estremo inferiore λ*

2. *quale è l'estremo superiore Λ*

3. *se λ è minimo*

4. *se Λ è massimo*

5. *quale è l'insieme A'*

Esercizio 1.10 *Dato un sottoinsieme non vuoto A di $\mathbb{R}$, se costruiamo $\mathring{A}$ e di quest'ultimo la chiusura, si riottiene A?*

Risposte agli esercizi del Capitolo 1

Risposta 1.1

1. d(-4,A)=0
2. d(3,A)=1
3. d(18,A)=2
4. d(25,A)=5
5. Diametro (o ampiezza)=25

Risposta 1.2

1. Vera
2. Dipende da A e x_0
3. Vera
4. Vera
5. Vera

Risposta 1.3

1. d(0,A)=0

2. $d(1,A)=0$

3. $d(2,A)=1$

4. $d(-1,A)=1$

5. Diametro (o ampiezza)= 1

6. $\delta = \frac{1}{n(n+1)}$

Risposta 1.4

1. Vera

2. Dipende da A e da B

3. Vera

4. Vera

Risposta 1.5

$$\mathbb{N}' = \{+\infty\}, \quad \mathbb{Z}' = \{-\infty, +\infty\}, \quad \mathbb{Q}' = \widetilde{\mathbb{R}}, \quad (\mathbb{R} - \mathbb{Q})' = \widetilde{\mathbb{R}}$$

Risposta 1.6

1. $\mathring{A}=(3,10)$

2. $\overline{A} = \{-5\} \cup [3, 10] \cup \{15\}$

3. $A' = [3, 10]$

Risposta 1.7

1. $\lambda = 0, \Lambda = 2$

2. Solamente Λ è punto di accumulazione

Risposta 1.8

1. È limitato: $A = \{\sin\frac{3\pi}{4}, \sin\frac{3\pi}{2}, \sin\frac{9\pi}{2}, 0\} = \{\frac{\sqrt{2}}{2}, -1, 1, 0\}$
2. $\lambda = -1; \Lambda = 1$
3. $\mathring{A} = \emptyset$
4. $\overline{A} = A$

Risposta 1.9

1. $\lambda = 0$
2. $\Lambda = 1$
3. No
4. Si
5. $A' = \{0\}$

Risposta 1.10

Non è detto. Se è infatti $A = (0,1] \cup \{10\}$ allora $\mathring{A} = (0,1)$ e la chiusura di quest'ultimo è $[0,1]$ e non A.

Capitolo 2

Operazione di limite

In questo capitolo vogliamo occuparci dell'*operazione di limite*, strumento indispensabile per scoprire molte proprietà delle funzioni.

D'ora in avanti riguarderemo i *domini A* delle funzioni come *sottoinsiemi di* $\tilde{\mathbb{R}}$ anziché di $\mathbb{R}$ ed assumeremo, come *insieme d'arrivo* di tutte le funzioni in studio, $\tilde{\mathbb{R}}$ anziché $\mathbb{R}$, cioè porremo B (insieme d'arrivo)=$\tilde{\mathbb{R}}$.

Poiché la *legge d'associazione* f di ogni funzione reale di una variabile reale associa ad ogni numero $x \in A$ un numero $f(x) \in B$, affinché dalla notazione risulti chiaro che $-\infty$ e $+\infty \notin A$, nel denotare una qualsiasi funzione, scriveremo:

$$f : y = f(x), \ x \in A \subseteq \mathbb{R} \subset \tilde{\mathbb{R}}$$

invece di

$$f : y = f(x), \ x \in A \subset \tilde{\mathbb{R}}.$$

L'insieme $\tilde{\mathbb{R}}$, di cui A è *sottoinsieme*, si chiama *insieme di partenza*.

Avendo scelto come insieme di arrivo $B = \tilde{\mathbb{R}}$, poiché le $f(x)$ sono numeri, risulterà sempre $f(A) \subset B$.

Nel seguito, quando disegneremo il *grafo* di una funzione, lo completeremo sempre con il diagramma di Venn dell'insieme di partenza per cui il grafo di una funzione reale di variabile reale si presenterà come in figura 2.1.

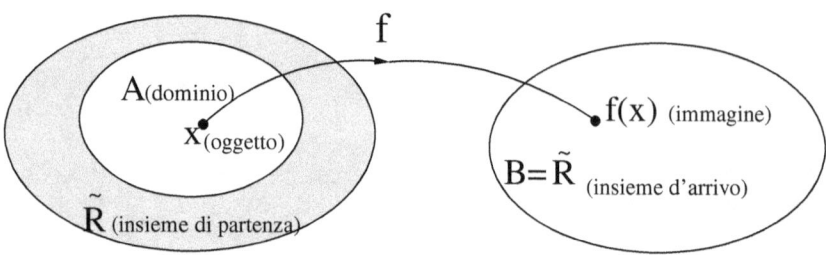

Figura 2.1

Un'ultima cosa!

Quando rappresenteremo un *intorno simmetrico* di un punto $x_0 \in \tilde{\mathbb{R}}$, per mezzo di un *diagramma di Venn*, disegneremo un *disco* come in figura 2.2 indipendentemente dal fatto che $x_0 \in \mathbb{R}$ oppure che sia $\pm\infty$.

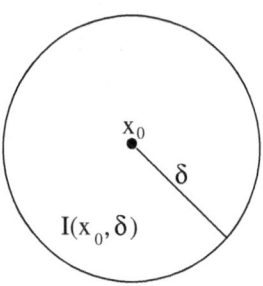

Figura 2.2

Dopo questa premessa andiamo a parlare dell'*operazione di limite*!

2.1 Operazione di limite

Per ben comprendere questa fondamentale operazione ci poniamo i seguenti obiettivi:

§2.1 Operazione di limite

1. su chi si effettua
2. in cosa consiste
3. quando ha senso effettuarla
4. quali possono essere i risultati
5. perché si fa
6. come si esegue nella pratica.

Andiamo in ordine nelle nostre risposte!

1. L'operazione di limite si effettua sulle funzioni.

   Supponiamo allora di avere una funzione

   $$f : y = f(x), x \in A \subseteq \mathbb{R} \subset \widetilde{\mathbb{R}}$$

   e di essa disegniamo il grafo (figura 2.3).

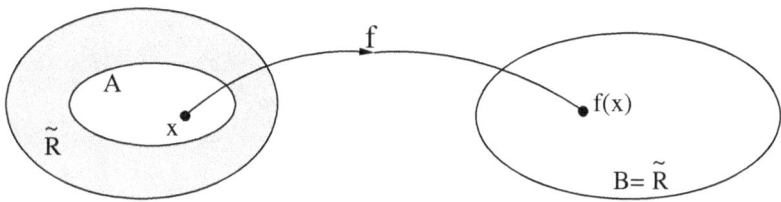

Figura 2.3

2. L'operazione di limite consiste nel fare due cose:

   (a) nel *fissare* un punto $x_0 \in \widetilde{\mathbb{R}}$ (insieme di partenza)

(b) nell'*indagare* come si "dispongono" in $B = \widetilde{\mathbb{R}}$ (insieme d'arrivo) le immagini $f(x)$ dei punti $x \in A$ e "vicini" al punto x_0 fissato.

Tale operazione si denota così:

$$\lim_{x \to x_0} f(x)$$

e si legge: limite per x che tende a x_0 di $f(x)$.

3. L'operazione di limite ha senso se il punto x_0 fissato ha punti di A ad esso "vicini" cioè, con linguaggio tecnico, è *punto di accumulazione* per A(dominio della funzione).

Su di una data funzione quindi si può effettuare un'operazione di limite in corrispondenza ad ogni punto x_0 di accumulazione per il suo dominio. Se la funzione è una *successione*,[1] poiché il suo dominio $\mathbb{N}$ (pensato come sottoinsieme di $\widetilde{\mathbb{R}}$) ha come *unico punto di accumulazione* $+\infty$, su di essa si può effettuare una sola operazione di limite:

$$\lim_{n \to +\infty} a_n$$

4. Quando si effettua una operazione di limite a priori due situazioni sono possibili:

  – o esiste un elemento $l \in B = \widetilde{\mathbb{R}}$ (insieme d'arrivo) attorno al quale si *dispongono* le immagini $f(x)$ dei punti $x \in A$ e "vicini" al punto x_0 fissato

  – o un tale elemento l *non esiste* e quindi le immagini $f(x)$ dei punti $x \in A$ e "vicini" al punto x_0 fissato, "si sparpagliano"

---

[1] Ricordiamo che si chiama *successione di numeri reali* ogni funzione reale di una variabile reale avente per dominio $\mathbb{N}$ (pensato con il suo ordinamento naturale). Diciamo anche che il generico elemento di $\mathbb{N}$ si denota con n anziché con x e, se f è il simbolo che denota la legge di associazione, l'immagine di n viene abitualmente denotata con a_n anziché con $f(n)$ e la successione con$\{a_n\}$. Vedere il libro "Funzioni reali di una variabile reale", paragrafo 2.15 ed il libro "Successioni e serie numeriche", paragrafo 1.1.

§2.1 Operazione di limite

Se si verifica la prima situazione, l'elemento $l \in B = \widetilde{\mathbb{R}}$ (attorno al quale si dispongono le immagini $f(x)$ dei punti $x \in A$ e "vicini" al punto x_0 fissato) si chiama *limite della funzione per x che tende a x_0* e si scrive

$$\lim_{x \to x_0} f(x) = l \quad ; \tag{2.1}$$

quando esiste il limite, con la stessa scrittura $\lim_{x \to x_0} f(x)$ si denota sia l'*operazione di limite* che il *risultato* di essa.

Se invece si verifica la seconda situazione, si dice che *non esiste il limite per x che tende a x_0 della funzione* e si scrive:

$$\nexists \lim_{x \to x_0} f(x).$$

Utilizzando il concetto di intorno di un punto, quando il limite esiste, esso può essere così definito:

> *Definizione di limite*
> **Si dice che $l \in B = \widetilde{\mathbb{R}}$ è il *limite per $x \to x_0$ della funzione* f se, comunque si fissi un intorno di esso, è possibile trovare un intorno di x_0 tale che tutti i punti x di A che appartengono a tale intorno, privato del punto x_0, hanno le immagini $f(x)$ appartenenti all'intorno di l fissato.**

È facile convincersi che, fissato un intorno di l, esistono infiniti intorni di x_0 che verificano la definizione data.

Trovatone infatti uno, la definizione è sicuramente verificata da tutti gli intorni di x_0 in esso contenuti e questi ultimi sono appunto infiniti.

Nel seguito ci riferiremo sempre al "più esteso" di essi.

Ciò premesso, traduciamo in simboli la definizione data.

Poiché fissare un intorno di un punto vuol dire fissarne il raggio, se denotiamo con ε il raggio dell'intorno di l (che di volta in volta fissiamo) e con δ quello del "più ampio" intorno di x_0 ad esso corrispondente, la dipendenza di $I(x_0, \delta)$ da $I(l, \varepsilon)$ si traduce nella dipendenza di δ da ε.

Se, per tenere presente ciò, scriviamo δ_ε in luogo di δ, la traduzione in simboli della definizione di limite è questa:

$$\forall \varepsilon > 0 \ \exists \delta_\varepsilon > 0 \ : \ \forall x \in (I(x_0, \delta_\varepsilon) - \{x_0\}) \cap A \ \text{ si ha } \ f(x) \in I(l, \varepsilon) \tag{2.2}$$

e la figura 2.4 ne visualizza il significato.

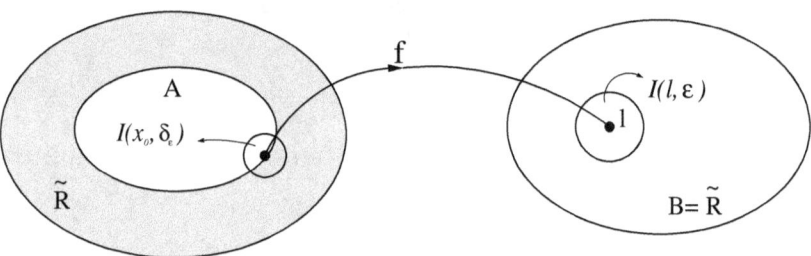

Figura 2.4

Prima di trattare l'obiettivo 5. facciamo alcuni commenti alla definizione data.

2.2 Commenti alla definizione di limite

I. Abbiamo visto che ha senso effettuare l'operazione di limite:

$$\lim_{x \to x_0} f(x)$$

solo nel caso in cui x_0 sia punto di accumulazione per il dominio A della funzione.

Se x_0, oltre ad essere punto d'accumulazione per A, appartiene ad A, la sua immagine $f(x_0)$ non ha alcuna relazione con l'esistenza del limite; quest'ultimo può esistere oppure no e se esiste, può anche

§2.2 Commenti alla definizione di limite

essere diverso da $f(x_0)$. Solo in un caso molto particolare si ha $\lim_{x \to x_0} f(x) = l = f(x_0)$; di esso ci occuperemo nel prossimo capitolo.

Illustriamo quanto abbiamo detto con dei diagrammi cartesiani di funzioni.

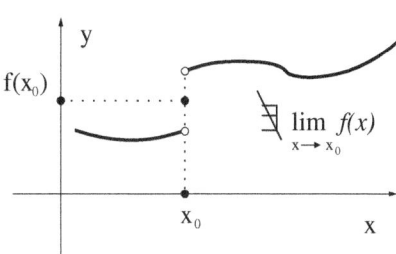
Figura 2.5

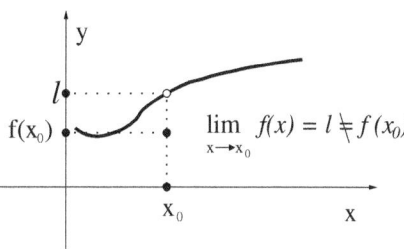
Figura 2.6

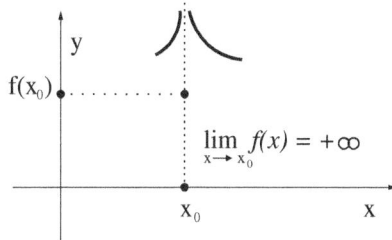
Figura 2.7

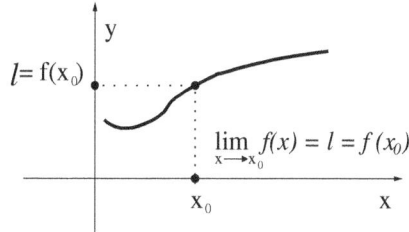
Figura 2.8

II. La (2.2) non esclude che possano esistere altri punti oltre quelli di $(I(x_0, \delta_\varepsilon) - \{x_0\}) \cap A$ che abbiano le immagini $f(x)$ appartenenti all'intorno $I(l, \varepsilon)$.

Il seguente diagramma cartesiano ci rafforza la convinzione che quanto abbiamo detto può effettivamente accadere:

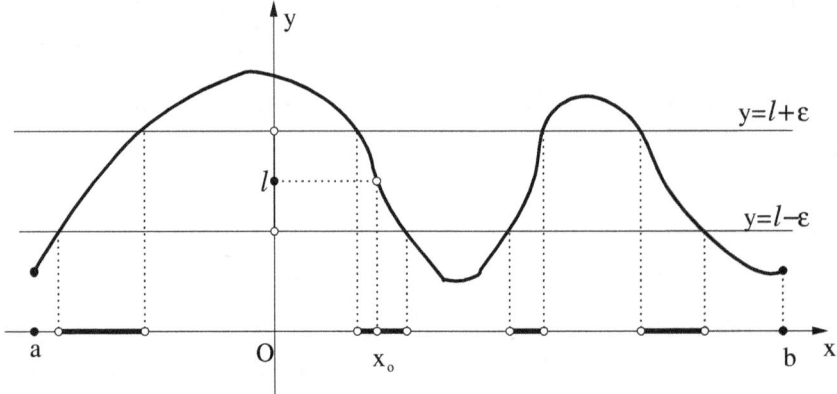

Figura 2.9

Tenendo presente questo fatto e la definizione di *immagine inversa di un insieme*[2], la definizione di limite può essere tradotta in simboli, oltre che con la (2.2), anche così

$$\forall \varepsilon > 0 \; \exists \; \delta_\varepsilon > 0 : (I(x_0, \delta_\varepsilon) - \{x_0\}) \cap A \subseteq f^{-1}(I(l, \varepsilon)) \quad (2.2')$$

Di essa ci serviremo tutte le volte che dovremo provare se un determinato elemento $l \in \widetilde{\mathbb{R}}$ è oppure no il risultato di una data operazione di limite.

III. In un'operazione di limite: $\lim\limits_{x \to x_0} f(x)$, poiché il punto $x_0 \in \widetilde{\mathbb{R}}$, esso può essere: un numero d, $-\infty$, $+\infty$.

A sua volta il limite l (se esiste), appartenendo anch'esso a $\widetilde{\mathbb{R}}$, può essere: un numero a, $-\infty$, $+\infty$.

---

[2]Ricordiamo che *data una funzione $f : y = f(x), x \in A \subseteq \mathbb{R} \subset \widetilde{\mathbb{R}}$ e fissato un sottoinsieme non vuoto C di $\widetilde{\mathbb{R}}$ (insieme d'arrivo), si chiama* immagine inversa *di C e si denota con $f^{-1}(C)$, l'insieme di tutti gli $x \in A$ che hanno l'immagine $f(x) \in C$. In simboli: $f^{-1}(C) = \{x \in A : f(x) \in C\}$. Vedere il libro* "Funzioni reali di variabile reale"*, paragrafo 2.8.*

§2.2 Commenti alla definizione di limite

I casi possibili di esistenza del limite sono pertanto *nove*.
Elenchiamoli:

$$\lim_{x \to d} f(x) = a \tag{2.3}$$

$$\lim_{x \to d} f(x) = -\infty \tag{2.4}$$

$$\lim_{x \to d} f(x) = +\infty \tag{2.5}$$

$$\lim_{x \to -\infty} f(x) = a \tag{2.6}$$

$$\lim_{x \to -\infty} f(x) = -\infty \tag{2.7}$$

$$\lim_{x \to -\infty} f(x) = +\infty \tag{2.8}$$

$$\lim_{x \to +\infty} f(x) = a \tag{2.9}$$

$$\lim_{x \to +\infty} f(x) = -\infty \tag{2.10}$$

$$\lim_{x \to +\infty} f(x) = +\infty \tag{2.11}$$

In ciascuno dei nove casi elencati, tenendo presenti le definizioni di intorno di un numero, di $-\infty$ e di $+\infty$, la (2.2) può essere scritta in modo più agile.

A titolo di esempio riscriviamo la (2.2) nel caso (2.9).

Poiché è $x_0 = +\infty$ e $l = a$ si ha:

$$I(x_0, \delta_\varepsilon) - \{x_0\} = I(+\infty, \delta_\varepsilon) - \{+\infty\} =$$
$$= (\delta_\varepsilon, +\infty) - \{+\infty\} = (\delta_\varepsilon, +\infty)$$

$$\big(I(x_0, \delta_\varepsilon) - \{x_0\}\big) \cap A = (\delta_\varepsilon, +\infty) \cap A$$
$$I(a, \varepsilon) = (a - \varepsilon, a + \varepsilon)$$

e la (2.2) può essere scritta così:

$\forall \varepsilon > 0 \; \exists \, \delta_\varepsilon > 0 : \forall x \in (\delta_\varepsilon, +\infty) \cap A \quad$ si ha $\quad a - \varepsilon < f(x) < a + \varepsilon$
oppure
$|f(x) - a| < \varepsilon \quad (2.9')$

La (2.9′), in termini di diagramma cartesiano della funzione f significa:

- La restrizione di f di dominio $(\delta_\varepsilon, +\infty) \cap A$ ha il diagramma cartesiano compreso tra le rette di equazione: $y = a - \varepsilon$ e $y = a + \varepsilon$.
  La retta di equazione $y = a$ si chiama *asintoto orizzontale* per $x \to +\infty$ del diagramma cartesiano della funzione.

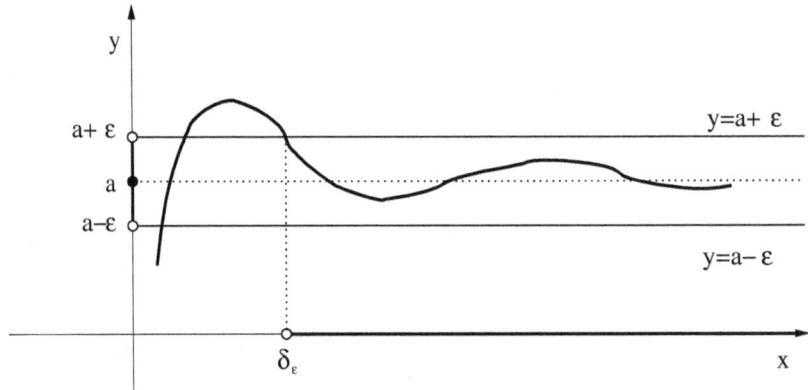

Figura 2.10

Senza dilungarci ulteriormente, invitiamo lo Studente, seguendo lo stesso ordine di idee, a riscrivere la (2.2) negli altri casi ed a darne un'interpretazione geometrica in termini di diagramma cartesiano della funzione.

IV. Se la funzione è una *successione* $\{a_n\}$ sappiamo che su di essa si può fare una sola operazione di limite:

$$\lim_{n \to +\infty} a_n.$$

In base al risultato di tale operazione poi, la successione viene classificata come appare nel seguente schema:

§2.2 Commenti alla definizione di limite

$$\lim_{n \to +\infty} a_n = \begin{cases} \text{esiste (successione regolare)} \begin{cases} = a \in \mathbb{R} \text{ (successione convergente ad } a\text{)} \\ = +\infty \text{ (successione divergente a } +\infty\text{)} \\ = -\infty \text{ (successione divergente a } -\infty\text{)} \end{cases} \\ \text{non esiste (successione indeterminata)} \end{cases}$$

L'essere poi una successione *convergente*, *divergente a* $\pm\infty$ oppure *indeterminata* viene chiamato *carattere* della successione.

Nel caso che una successione sia *regolare*, vediamo come può essere scritta la (2.2).

Poiché è:
$$A = \mathbb{N}, \quad x_0 = +\infty \quad \text{e} \quad x = n$$
si ha:
$$I(x_0, \delta_\varepsilon) - \{x_0\} = I(+\infty, \delta_\varepsilon) - \{+\infty\} = (\delta_\varepsilon, +\infty) - \{+\infty\} = (\delta_\varepsilon, +\infty)$$

$$\bigl(I(x_0, \delta_\varepsilon) - \{x_0\}\bigr) \cap A = (\delta_\varepsilon, +\infty) \cap \mathbb{N}$$

Quest'ultimo insieme è costituito dai numeri naturali $n > \delta_\varepsilon$; esso può essere denotato sostituendo il numero reale δ_ε con la sua *parte intera* $[\delta_\varepsilon]$. Si ha allora:

$$(\delta_\varepsilon, +\infty) \cap \mathbb{N} = ([\delta_\varepsilon], +\infty) \cap \mathbb{N}.$$

Essendo poi la parte intera di un numero positivo, un numero naturale, possiamo scrivere $[\delta_\varepsilon] = n_\varepsilon$ e la (2.2) nei tre casi in cui la successione è regolare diviene rispettivamente

$$\forall \varepsilon > 0 \ \exists \ n_\varepsilon \ : \ \forall n > n_\varepsilon \quad \text{si ha} \quad a_n \in I(a, \varepsilon) = (a - \varepsilon, a + \varepsilon) \quad (2.12)$$
$$\forall \varepsilon > 0 \ \exists \ n_\varepsilon \ : \ \forall n > n_\varepsilon \quad \text{si ha} \quad a_n \in I(+\infty, \varepsilon) = (\varepsilon, +\infty) \quad (2.13)$$
$$\forall \varepsilon > 0 \ \exists \ n_\varepsilon \ : \ \forall n > n_\varepsilon \quad \text{si ha} \quad a_n \in I(-\infty, \varepsilon) = (-\infty, -\varepsilon) \quad (2.14)$$

Prima di trattare i due obiettivi restanti, per fissare le idee, facciamo alcuni esercizi sui concetti esposti.

2.3 Esercizi sui concetti esposti

Esempio 2.1 *Considerata l'operazione di limite* $\lim_{x \to 3} \log_3 x$, *dire* :

1. *su quale funzione viene chiesto di operare*

2. *se l'operazione proposta ha senso*

3. *se è certo che il limite esiste e vale 1.*

Andiamo in ordine nelle risposte!

1. *si tratta della funzione*

$$f : y = f(x) = log_3 x, x \in A = \{x \in \mathbb{R} : x > 0\} = (0, +\infty)$$

2. *l'operazione proposta ha senso perché il punto $x_0 = 3$ è punto interno ad A e quindi punto di accumulazione per esso*

3. *il punto $l = 1$ è il limite se verifica la (2.2) oppure la (2.2'). Adoperiamo quest'ultima!*

$$I(l, \varepsilon) = I(1, \varepsilon) = (1 - \varepsilon, 1 + \varepsilon)$$
$$\begin{aligned} f^{-1}(I(l, \varepsilon)) &= f^{-1}(I(1, \varepsilon)) = \{x \in (0, +\infty) : \log_3 x \in I(1, \varepsilon)\} = \\ &= \{x \in (0, +\infty) : |\log_3 x - 1| < \varepsilon\} \end{aligned}$$

Come si vede l'insieme $f^{-1}(I(1, \varepsilon))$ è costituito dalle soluzioni della disequazione $|\log_3 x - 1| < \varepsilon$.

Risolvere quest'ultima equivale a risolvere il sistema

§2.3 *Esercizi sui concetti esposti*

$$\begin{cases} \log_3 x - 1 < \varepsilon \\ \log_3 x - 1 > -\varepsilon \end{cases} \Leftrightarrow \begin{cases} \log_3 x < 1 + \varepsilon \\ \log_3 x > 1 - \varepsilon \end{cases} \Leftrightarrow \begin{cases} x < 3^{1+\varepsilon} \\ x > 3^{1-\varepsilon} \end{cases} \Leftrightarrow$$

$$\Leftrightarrow f^{-1}(I(1,\varepsilon)) = (3^{1-\varepsilon}, 3^{1+\varepsilon})$$

ed il raggio δ_ε dell'intorno di $x_0 = 3$ di cui si deve provare l'esistenza è $\delta_\varepsilon = \min\{3 - 3^{1-\varepsilon}, 3^{1+\varepsilon} - 3\}$.

In questo esempio $f(3) = l = 1$; questo però non è sempre vero; a mostrarcelo sarà il prossimo esempio.

Esempio 2.2 *Data la funzione*

$$f : y = f(x) = \begin{cases} x^2 + 3 & , x \in (-\infty, 0) \cup (0, +\infty) \\ 0 & , x = 0 \end{cases}$$

Verificare che $\lim_{x \to 0} f(x) = 3$.

In questo caso il dominio della funzione è $A = (-\infty, +\infty)$ e $x_0 = 0$ è punto di accumulazione per esso in quanto punto interno.

Per verificare che $l = 3$ è il limite, procediamo come nel punto 3. dell'esempio precedente.

$$I(l, \varepsilon) = I(3, \varepsilon) = (3 - \varepsilon, 3 + \varepsilon)$$

$$f^{-1}(I(l,\varepsilon)) = f^{-1}(I(3,\varepsilon)) = \{x \in A : |(x^2+3)-3| < \varepsilon\} = (-\sqrt{\varepsilon}, \sqrt{\varepsilon}) - \{0\}$$

poiché $f^{-1}(I(3,\varepsilon))$ è l'intorno di centro $x_0 = 0$ e raggio $\delta_\varepsilon = \sqrt{\varepsilon}$ privato di $x_0 = 0$, abbiamo verificato che il limite esiste e vale 3.

Dai due esempi esaminati lo Studente si sarà reso conto che la difficoltà che si può incontrare nel verificare se un dato elemento $l \in \widetilde{\mathbb{R}}$ è oppure o no il limite, sta nel risolvere la disequazione o le disequazioni che determinano $f^{-1}(I(l,\varepsilon))$.

Vedremo, in sede di esercizi, che si può in parte ovviare a tale difficoltà.

Riprendiamo ora il nostro discorso teorico andando a vedere sotto quali ipotesi per la funzione, si possono fare delle previsioni circa la natura del limite, se quest'ultimo esiste.

2.4 Previsioni possibili circa la natura del limite, se esiste

Tenendo presente in che cosa consiste l'operazione di limite, in alcuni casi è possibile fare delle previsioni, nel caso che il limite esista, circa la sua natura.

I cinque teoremi qui sotto elencati ci dicono quali sono questi casi:

Teorema 2.1 *Data una funzione f di dominio A, sia x_0 un punto di accumulazione per A.*
Se:

1. *f è limitata inferiormente cioè $\lambda_f \in \mathbb{R}$* [3]

2. *esiste $\lim_{x \to x_0} f(x)$*

   allora
   $$\lim_{x \to x_0} f(x) = l \geq \lambda_f$$

Teorema 2.2 *Data una funzione f di dominio A, sia x_0 un punto di accumulazione per A.*
Se:

1. *f è limitata superiormente cioè $\Lambda_f \in \mathbb{R}$*

2. *esiste $\lim_{x \to x_0} f(x)$*

   allora
   $$\lim_{x \to x_0} f(x) = l \leq \Lambda_f$$

Teorema 2.3 *Data una funzione f di dominio A, sia x_0 un punto di accumulazione per A.*
Se:

---
[3]Ricordiamo che con λ_f e Λ_f si denotano rispettivamente gli estremi inferiore e superiore del codominio di una funzione. Vedere i libro "Funzioni reali di una variabile reale", paragrafi 1.15 e 2.9.

§2.4 Previsioni possibili circa la natura del limite

1. f è limitata cioè $\lambda_f, \Lambda_f \in \mathbb{R}$

2. esiste $\lim_{x \to x_0} f(x)$

allora
$$\lim_{x \to x_0} f(x) = l \in [\lambda_f, \Lambda_f]$$

Teorema 2.4 *Data una funzione f di dominio A, sia x_0 un punto di accumulazione per A.*
Se:

1. *esiste un intorno $I(x_0, \delta)$ di x_0 tale che tutti i punti $x \in (I(x_0, \delta) - \{x_0\}) \cap A$ hanno l'immagine $f(x) > 0$ oppure ≥ 0*

2. *esiste $\lim_{x \to x_0} f(x)$*

allora
$$\lim_{x \to x_0} f(x) = l \geq 0$$

Teorema 2.5 *Data una funzione f di dominio A, sia x_0 un punto di accumulazione per A.*
Se:

1. *esiste un intorno $I(x_0, \delta)$ di x_0 tale che tutti i punti $x \in (I(x_0, \delta) - \{x_0\}) \cap A$ hanno l'immagine $f(x) < 0$ oppure ≤ 0*

2. *esiste $\lim_{x \to x_0} f(x)$*

allora
$$\lim_{x \to x_0} f(x) = l \leq 0$$

Lasciamo allo Studente le facili dimostrazioni dei teoremi enunciati ed occupiamoci invece delle informazioni che l'operazione di limite, una volta effettuata, ci fornisce sulla funzione; in altre parole, occupiamoci dell'obiettivo 5.

2.5 Informazioni fornite dall'operazione di limite

Una volta effettuata un'operazione di limite su una data funzione, dal suo risultato possiamo trarre delle informazioni circa la funzione su cui abbiamo operato.

È di questo che ci parlano i teoremi qui sotto elencati.

Neppure di essi daremo le facili dimostrazioni che, al solito, lasciamo come esercizio allo Studente.

Teorema 2.6 *Data una funzione f di dominio A, sia x_0 un punto di accumulazione per A. Se esiste*

$$\lim_{x \to x_0} f(x) = l \in \widetilde{\mathbb{R}} - \{0\}$$

allora esiste un intorno $I(x_0, \delta)$ di x_0 tale che tutti i punti $x \in (I(x_0, \delta) - \{x_0\}) \cap A$ hanno l'immagine $f(x)$ dello stesso segno di l.

Teorema 2.7 *Data una funzione f di dominio A, sia x_0 un punto di accumulazione per A. Se esiste*

$$\lim_{x \to x_0} f(x) = -\infty$$

allora esiste un intorno $I(x_0, \delta)$ di x_0 tale che la restrizione di f di dominio $(I(x_0, \delta) - \{x_0\}) \cap A$ è illimitata inferiormente e quindi anche la funzione lo è.[4]

Teorema 2.8 *Data una funzione f di dominio A, sia x_0 un punto di accumulazione per A. Se esiste*

$$\lim_{x \to x_0} f(x) = +\infty$$

allora esiste un intorno $I(x_0, \delta)$ di x_0 tale che la restrizione di f di dominio $(I(x_0, \delta) - \{x_0\}) \cap A$ è illimitata superiormente e quindi anche la funzione lo è.

---

[4]Ricordiamo che data una funzione $f : y = f(x), x \in A \subseteq \mathbb{R} \subset \widetilde{\mathbb{R}}$ se $f : y = f(x), x \in A_1 \subset A$ è una qualsiasi *restrizione* di essa, allora $f(A_1) \subseteq f(A)$ e quindi se la restrizione è *illimitata*, anche la funzione lo è.

§2.5 Informazioni fornite dall'operazione di limite

Teorema 2.9 *Data una funzione f di dominio A, sia A_1 un sottoinsieme non vuoto di A e x_0 un punto di accumulazione sia per A che per A_1.*

Se esiste
$$\lim_{(x \in A) \to x_0} f(x) = l$$

allora esiste
$$\lim_{(x \in A_1) \to x_0} f(x) = l$$

Come è facile convincersi, il viceversa non è certo; può cioè accadere che esista $\lim_{(x \in A_1) \to x_0} f(x) = l$, pur non esistendo $\lim_{(x \in A) \to x_0} f(x) = l$. Tuttavia, se quest'ultimo esiste, ha lo stesso valore di $\lim_{(x \in A_1) \to x_0} f(x) = l$.

Teorema 2.10 *Data una funzione f di dominio A, siano A_1 e A_2 due sottoinsiemi non vuoti di A e x_0 un punto di accumulazione per A, A_1, A_2.*

Se almeno uno dei due
$$\lim_{(x \in A_1) \to x_0} f(x) \quad ; \quad \lim_{(x \in A_2) \to x_0} f(x)$$

non esiste, oppure esistono entrambi ma sono diversi tra loro, allora
$$\nexists \lim_{(x \in A) \to x_0} f(x)$$

Teorema 2.11 *Data una funzione f di dominio A, siano A_1 e A_2 due sottoinsiemi non vuoti di A e x_0 un punto di accumulazione per A, A_1, A_2.*

Se
$$\lim_{(x \in A_1) \to x_0} f(x) = \lim_{(x \in A_2) \to x_0} f(x) = l$$

e se esiste un intorno $I(x_0, \delta)$ di x_0 tale che $(I(x_0, \delta) - \{x_0\}) \cap A \subseteq A_1 \cup A_2$ allora
$$\lim_{(x \in A) \to x_0} f(x) = l.$$

L'idea di effettuare operazioni di limite sulle restrizioni di una funzione assegnata, ci porta a definire le *operazioni di limite sinistro e di limite destro*.

Vediamo di che si tratta!

2.6 Operazioni di limite sinistro e di limite destro

Data una funzione f di dominio A, sia x_0 un punto di accumulazione per A. Sia A^- il sottoinsieme di A costituito dai punti $x \in A$ *minori* di x_0 ed A^+ quello costituito dai punti $x \in A$ *maggiori* di x_0.

Se né A^-, né A^+ sono vuoti, cioè se x_0 non è né estremo inferiore né estremo superiore di A [5], ha senso considerare le due restrizioni di f di dominio rispettivamente A^- e A^+; se poi x_0 è anche punto di accumulazione sia per A^- che per A^+, possiamo effettuare le due operazioni di limite:

$$\lim_{(x \in A^-) \to x_0} f(x) \qquad \lim_{(x \in A^+) \to x_0} f(x)$$

che prendono rispettivamente il nome di *operazione di limite sinistro* ed *operazione di limite destro* e che, in modo più agile, vengono abitualmente denotate così:

$$\lim_{x \to x_0^-} f(x) \qquad \lim_{x \to x_0^+} f(x).$$

Se poi esistono $\lim_{x \to x_0^-} f(x)$ e $\lim_{x \to x_0^+} f(x)$, essi prendono rispettivamente il nome di *limite sinistro* e di *limite destro* e per essi sono in uso le notazioni

$$\lim_{x \to x_0^-} f(x) = f(x_0^-) \qquad \lim_{x \to x_0^+} f(x) = f(x_0^+).$$

Riflettendo sulle definizioni di $\lim_{x \to x_0} f(x)$, $\lim_{x \to x_0^\pm} f(x)$ è facile giungere alle seguenti *conclusioni*:

1. Se A^+ è vuoto, oppure x_0 non è punto di accumulazione per esso[6]

---

[5] Se è $x_0 = \lambda$ (estremo inferiore di A), essendo λ minimo o minorante di A, non esiste alcun punto $x \in A$ minore di λ e pertanto risulta $A^- = \emptyset$. Analogamente se è $x_0 = \Lambda$ (estremo superiore di A), essendo Λ massimo o maggiorante di A, non esiste alcun punto $x \in A$ maggiore di Λ e pertanto risulta $A^+ = \emptyset$.

[6] Per rendersi conto che ciò è effettivamente possibile basta pensare a questo esempio: $A = (-5, 10) \cup (20, 30)$ e $x_0 = 10$; $A^+ = (20, 30)$ e x_0 è punto esterno ad A^+ quindi non può essere punto di accumulazione per esso.

§2.6 Operazioni di limite sinistro e di limite destro

allora
$$\lim_{x \to x_0^-} f(x) = \lim_{x \to x_0} f(x)$$
cioè le due operazioni di limite coincidono.

2. Se A^- è vuoto, oppure x_0 non è punto di accumulazione per esso allora
$$\lim_{x \to x_0^+} f(x) = \lim_{x \to x_0} f(x)$$
cioè le due operazioni di limite coincidono.

3. Se x_0 oltre che per A è anche punto di accumulazione per A^- e per A^+, allora se esiste $\lim_{x \to x_0} f(x)$, esistono anche $\lim_{x \to x_0^-} f(x)$ e $\lim_{x \to x_0^+} f(x)$ e risulta:
$$\lim_{x \to x_0} f(x) = \lim_{x \to x_0^-} f(x) = \lim_{x \to x_0^+} f(x).$$

4. Se x_0 oltre che per A è anche punto di accumulazione per A^- e per A^+ e se *almeno* uno dei due limiti $\lim_{x \to x_0^-} f(x)$ e $\lim_{x \to x_0^+} f(x)$ non esiste, oppure, pur esistendo entrambi, sono diversi tra loro, allora
$$\nexists \lim_{x \to x_0} f(x).$$

5. Se x_0 oltre che per A è anche punto di accumulazione per A^- e per A^+, *condizione necessaria e sufficiente* affinché esista $\lim_{x \to x_0} f(x)$ è che esistano e siano uguali fra loro $\lim_{x \to x_0^-} f(x)$ e $\lim_{x \to x_0^+} f(x)$.

6. Se f è una *funzione pari*[7] di dominio A, $x_0 = 0$ è punto di accumulazione per A (e quindi per A^- e A^+) e $\lim_{x \to 0^+} f(x) = l$, allora risulta $\lim_{x \to 0^-} f(x) = l$ e quindi, per la 5., $\lim_{x \to 0} f(x) = l$

---

[7]Per la definizione di funzione *pari* e *dispari* vedere il libro "Funzioni reali di una variabile reale", paragrafo 2.5.

7. Se f è una *funzione dispari* di dominio A, $x_0 = 0$ è punto di accumulazione per A (e quindi per A^- e A^+) e $\lim_{x \to 0^+} f(x) = l$, allora risulta $\lim_{x \to 0^-} f(x) = -l$ e quindi, per la 5., esiste $\lim_{x \to 0} f(x)$ se e solo se risulta $l = 0$.

La conclusione 6. ci autorizza, tutte le volte che dobbiamo effettuare l'operazione di $\lim_{x \to 0} f(x)$ su una *funzione pari*, di limitarci ad effettuare l'operazione l'operazione di limite sinistro o di limite destro; se esiste ad esempio il $\lim_{x \to 0^+} f(x)$, esiste anche il $\lim_{x \to 0} f(x)$ ed ha lo stesso valore.

La conclusione 7. ci autorizza a fare un discorso analogo quando dobbiamo effettuare l'operazione di $\lim_{x \to 0} f(x)$ su una funzione *dispari*. In questo caso il $\lim_{x \to 0} f(x)$ esiste e vale *zero* se e solo se $\lim_{x \to 0^+} f(x) = 0$.

In generale le operazioni di limite sinistro e destro hanno una grande importanza operativa quando dobbiamo effettuare l'operazione di limite per $x \to x_0$ su una funzione del tipo:

$$f : y = f(x) = \begin{cases} f_1(x) & x \leq x_0 \\ f_2(x) & x > x_0 \end{cases}$$

Il dominio di f è $A = (-\infty, +\infty)$; x_0 è punto di accumulazione per A in quanto punto interno ad esso e quindi ha senso effettuare l'operazione di limite:

$$\lim_{x \to x_0} f(x).$$

Siccome la legge d'associazione della funzione è rappresentata da due *formule* distinte, una per i punti di A^- e l'altra per i punti di A^+, per poter effettuare l'operazione di limite dobbiamo:

a) effettuare l'operazione di limite sinistro

$$\lim_{x \to x_0^-} f(x) = \lim_{x \to x_0^-} f_1(x)$$

b) effettuare l'operazione di limite destro

$$\lim_{x \to x_0^+} f(x) = \lim_{x \to x_0^+} f_2(x)$$

§2.7 Limiti di funzioni monotòne

c) confrontare i risultati per poter concludere se esiste oppure no $\lim_{x \to x_0} f(x)$.

Un esempio di funzioni per le quali, in corrispondenza ad ogni punto x_0 di accumulazione per il dominio A, A^- ed A^+, esistono i *limiti sinistro* e *destro* e, come caso particolare il *limite*, sono le *funzioni monotòne*[8].

Occupiamoci di esse!

2.7 Limiti di funzioni monotòne

Sia f una funzione monotòna di dominio A e sia x_0 un punto di accumulazione per A. Se gli insiemi A^+ e A^- non sono vuoti ed hanno entrambi x_0 come punto di accumulazione, sono lecite le due operazioni di limite:

$$\lim_{x \to x_0^-} f(x) \qquad \lim_{x \to x_0^+} f(x).$$

Il seguente teorema ci dice quali sono i risultati di tali operazioni.

Teorema 2.12 - *Teorema delle funzioni monotone*

Data una funzione f di dominio A, sia x_0 un punto di accumulazione per A. Se:

I. *f è monotòna*

II. *A^- e A^+ sono entrambi non vuoti e x_0 è punto di accumulazione per essi*

---

[8]Ricordiamo che le funzioni monotòne possono essere

– monotòne crescenti

– monotòne non decrescenti

– monotòne decrescenti

– monotòne non decrescenti

Vedere il libro "Funzioni reali di una variabile reale", paragrafo 2.5.

allora esistono

$$\lim_{x \to x_0^-} f(x) = \begin{cases} \sup f(A^-) & \text{se } f \text{ è monotòna crescente o non decrescente} \\ \inf f(A^-) & \text{se } f \text{ è monotòna decrescente o non crescente} \end{cases}$$

$$\lim_{x \to x_0^+} f(x) = \begin{cases} \inf f(A^+) & \text{se } f \text{ è monotòna crescente o non decrescente} \\ \sup f(A^+) & \text{se } f \text{ è monotòna decrescente o non crescente} \end{cases}$$

Di tale teorema non diamo la dimostrazione che lo Studente può trovare in molti libri di Analisi Matematica, vogliamo invece osservare che sicuramente esiste il limite per $x \to x_0$ nei due casi seguenti:

a) Se è $x_0 = -\infty$ quindi $A^- = \emptyset$ ed $A^+ = A$ allora

$$\lim_{x \to x_0^+} f(x) = \lim_{x \to x_0} f(x) = \lim_{x \to -\infty} f(x) = \begin{cases} \inf f(A) & \text{se } f \text{ è monotòna crescente o non decrescente} \\ \sup f(A) & \text{se } f \text{ è monotòna decrescente o non crescente} \end{cases}$$

b) Se è $x_0 = +\infty$ quindi $A^- = A$ ed $A^+ = \emptyset$ allora

$$\lim_{x \to x_0^-} f(x) = \lim_{x \to x_0} f(x) = \lim_{x \to +\infty} f(x) = \begin{cases} \sup f(A) & \text{se } f \text{ è monotòna crescente o non decrescente} \\ \inf f(A) & \text{se } f \text{ è monotòna decrescente o non crescente} \end{cases}$$

§2.8 Infinitesimi ed infiniti

Dall'osservazione b) segue che tutte le successioni monotòne sono *regolari*; in particolare sono *convergenti* se sono limitate.

Tale questione è ampiamente trattata nel libro "Successioni e serie numeriche", paragrafo 1.9.

Resta ora da occuparci dell' obiettivo 6., cioè di come si effettua nella pratica una operazione di limite su una funzione assegnata.

Prima di fare ciò, diamo due definizioni ed enunciamo alcuni teoremi che ci faciliteranno nell'operazione suddetta.

2.8 Infinitesimi ed infiniti. Alcuni teoremi sui limiti

Partiamo con le definizioni!

> *Definizione di infinitesimo*
> **Data una funzione f di dominio A, sia x_0 un punto di accumulazione per A.**
>
> **Si dice che la funzione f è un *infinitesimo* (o che è *infinitesima*) per $x \to x_0$ se**
> $$\lim_{x \to x_0} f(x) = 0$$
>
> *Definizione di infinito*
> **Data una funzione f di dominio A, sia x_0 un punto di accumulazione per A.**
>
> **Si dice che la funzione f è un *infinito* (o che è *infinita*) per $x \to x_0$ se**
> $$\lim_{x \to x_0} |f(x)| = +\infty$$

Facciamo ora l'elenco dei teoremi che abbiamo preannunciato, cominciando da quelli che hanno un nome.

Teorema 2.13 - *Teorema del confronto*

Date due funzioni f e g di dominio A, sia x_0 un punto di accumulazione per A.

Se:

I. esiste un intorno $I(x_0, \delta)$ di x_0 tale che
$$\forall x \in (I(x_0, \delta) - \{x_0\}) \cap A \quad \textit{risulti} \quad f(x) < g(x) \quad \textit{oppure} \quad f(x) \leq g(x)$$

II. esistono
$$\lim_{x \to x_0} f(x) \quad e \quad \lim_{x \to x_0} g(x)$$

allora
$$\lim_{x \to x_0} f(x) \leq \lim_{x \to x_0} g(x)$$

Dimostrazione

Detti rispettivamente $l = \lim_{x \to x_0} f(x)$ e $l' = \lim_{x \to x_0} g(x)$ dobbiamo provare che risulta $l \leq l'$.

Fissiamo l'attenzione su l. Per esso tre casi sono possibili:

1. $l = -\infty$

2. $l \in \mathbb{R}$

3. $l = +\infty$

Nel caso 1., essendo $l = -\infty$ il minimo di $\widetilde{\mathbb{R}}$, il limite l' è necessariamente maggiore o uguale a l e quindi il teorema è dimostrato.

Nel caso 2., essendo $l \in \mathbb{R}$ abbiamo che
$$\forall \varepsilon > 0 \; \exists \delta_\varepsilon : \forall x \in (I(x_0, \delta_\varepsilon) - \{x_0\}) \cap A \text{ si ha } l - \varepsilon < f(x) < l + \varepsilon \quad (2.15)$$

Se denotiamo con $I(x_0, \delta^*)$ il "più piccolo" dei due intorni $I(x_0, \delta)$ ed $I(x_0, \delta_\varepsilon)$ [9], relativamente all'insieme $(I(x_0, \delta^*) - \{x_0\}) \cap A$ sono verificate sia l'ipotesi I. che la (2.15).

---

[9]Ricordando la definizione di intorno di un punto $x_0 \in \widetilde{\mathbb{R}}$ possiamo dire
- se $x_0 \in \mathbb{R}$ allora $\delta^* = \min\{\delta, \delta_\varepsilon\}$
- se $x_0 = \pm\infty$ allora $\delta^* = \max\{\delta, \delta_\varepsilon\}$

§2.8 Infinitesimi ed infiniti

Tenendo conto di ciò possiamo allora scrivere

$$\forall \varepsilon > 0, \ \forall x \in (I(x_0, \delta^*) - \{x_0\}) \cap A \text{ si ha } l - \varepsilon < f(x) < g(x)$$

da cui

$$l - \varepsilon < g(x).$$

Essendo poi ε un numero positivo arbitrario, si conclude che deve essere

$$l \leq g(x). \tag{2.16}$$

Per l'ipotesi II. esiste $\lim_{x \to x_0} g(x) = l'$; la (2.16) poi, per il *teorema 2.1* ci dice che è $l' \geq l$.

Nel caso 3., essendo $l = +\infty$ abbiamo che

$$\forall \varepsilon > 0 \ \exists \delta_\varepsilon : \forall x \in (I(x_0, \delta_\varepsilon) - \{x_0\}) \cap A \text{ si ha } f(x) > \varepsilon \tag{2.17}$$

Se denotiamo anche qui con $I(x_0, \delta^*)$ il "più piccolo" dei due intorni $I(x_0, \delta)$ ed $I(x_0, \delta_\varepsilon)$, dall'ipotesi I. e dalla (2.17) segue che, comunque si fissi un $\varepsilon > 0$, se $x \in (I(x_0, \delta^*) - \{x_0\}) \cap A$ risulta

$$g(x) > f(x) > \varepsilon \qquad \text{(oppure } g(x) \geq f(x) > \varepsilon)$$

da cui

$$g(x) > \varepsilon \tag{2.18}$$

La (2.18) ci dice appunto che $\lim_{x \to x_0} g(x) = l' = +\infty$.

c.v.d.

A questo punto è naturale chiedersi :

– non si potrebbe dimostrare il teorema fissando l'attenzione su l' anziché su l?

Invitiamo lo Studente a provarci seguendo gli stessi passi fatti nella dimostrazione che abbiamo esposto.

Se ragionerà correttamente, arriverà allo stesso risultato.

Enunciamo finalmente il famoso *teorema dei carabinieri*!

Teorema 2.14 - *Teorema dei carabinieri*
Date tre funzioni, f, g, h di dominio A, sia x_0 un punto d'accumulazione per A.
    Se:

I. *esiste un intorno $I(x_0, \delta)$ di x_0 tale che*

$$\forall x \in (I(x_0, \delta) - \{x_0\}) \cap A \quad \text{si ha} \quad h(x) \leq f(x) \leq g(x)$$

II. *esistono $\lim_{x \to x_0} h(x)$, $\lim_{x \to x_0} g(x)$ e sono uguali tra loro*

allora
    detto l il comune valore dei limiti si ha $\lim_{x \to x_0} f(x) = l$

Dimostrazione
Limitiamoci ad esporre la dimostrazione nel caso che
$\lim_{x \to x_0} h(x) = \lim_{x \to x_0} g(x) = l \in \mathbb{R}$.
    Si ha allora:

$$\forall \varepsilon > 0 \; \exists \, \delta_\varepsilon : \forall x \in (I(x_0, \delta_\varepsilon) - \{x_0\}) \cap A \quad \text{si ha} \quad l - \varepsilon < h(x) < l + \varepsilon$$
$$\forall \varepsilon > 0 \; \exists \, \delta'_\varepsilon : \forall x \in (I(x_0, \delta'_\varepsilon) - \{x_0\}) \cap A \quad \text{si ha} \quad l - \varepsilon < g(x) < l + \varepsilon$$
(2.19)

Se denotiamo con $I(x_0, \delta^*)$ il "più piccolo" dei tre intorni $I(x_0, \delta)$, $I(x_0, \delta_\varepsilon)$, $I(x_0, \delta'_\varepsilon)$, relativamente all'insieme $(I(x_0, \delta^*) - \{x_0\}) \cap A$ sono verificate sia l'*ipotesi I.* che entrambe le (2.19).
    Tenendo conto di ciò, possiamo scrivere:

$$\forall \varepsilon > 0, \; \forall x \in (I(x_0, \delta^*) - \{x_0\}) \cap A \quad \text{si ha} \quad l - \varepsilon < h(x) \leq f(x) \leq g(x) < l + \varepsilon$$

da cui

$$\forall \varepsilon > 0, \; \forall x \in (I(x_0, \delta^*) - \{x_0\}) \cap A \quad \text{si ha} \quad l - \varepsilon < f(x) < l + \varepsilon \quad (2.20)$$

La (2.20) dice appunto che $\lim_{x \to x_0} f(x) = l$ e quindi il teorema è dimostrato.

c.v.d.

§2.8 Infinitesimi ed infiniti

Più tardi vedremo come tale teorema si adopera nella pratica.

Diamo intanto altri teoremi utili quando si debba effettuare un'operazione di limite su una funzione costruita a partire da altre funzioni.[10]

Teorema 2.15 *Data una funzione di dominio A sia x_0 un punto di accumulazione per A.*

Se $\lim_{x \to x_0} f(x) = l$ allora $\lim_{x \to x_0} |f(x)| = |l|$

Dimostrazione

Limitiamoci ad esporre la dimostrazione nel caso in cui $\lim_{x \to x_0} f(x) = l \in \mathbb{R}$.

Poiché per ipotesi si ha

$$\forall \varepsilon > 0 \; \exists \delta_\varepsilon > 0 : \forall x \in (I(x_0, \delta_\varepsilon) - \{x_0\}) \cap A \text{ si ha } |f(x) - l| < \varepsilon$$

e, per una proprietà dei valori assoluti, risulta

$$\big||f(x)| - |l|\big| \leq |f(x) - l| \quad ,$$

essendo il secondo membro di tale disuguaglianza minore di ε, lo è anche il primo e quindi possiamo scrivere:

$$\forall \varepsilon > 0 \; \exists \delta_\varepsilon > 0 : \forall x \in (I(x_0, \delta_\varepsilon) - \{x_0\}) \cap A \text{ si ha } \big||f(x)| - |l|\big| < \varepsilon \quad (2.21)$$

La (2.21) dice appunto che $\lim_{x \to x_0} |f(x)| = |l|$ e quindi il teorema è dimostrato.

c.v.d.

Il viceversa di questo teorema non è in generale vero. A mostrarcelo è il seguente esempio:

$$f : y = f(x) = \frac{x}{|x|}, \quad x \in A = (-\infty, 0) \cup (0, +\infty)$$

Si ha infatti $\lim_{x \to 0} |f(x)| = 1$ mentre $\nexists \lim_{x \to 0} f(x)$.

---

[10]Si consiglia di rivedere le definizioni di funzione somma, differenza, prodotto, ... nel libro "Funzioni reali di variabile reale", paragrafo 2.11.

Un caso in cui il *viceversa* è vero si ha quando la funzione f è infinitesima per $x \to x_0$; si ha appunto:

$$\lim_{x \to x_0} f(x) = 0 \Leftrightarrow \lim_{x \to x_0} |f(x)| = |0| = 0 \qquad (2.22)$$

come ci mostrerá il *teorema 2.22.*.

Teorema 2.16 *Data una funzione f di dominio A, sia x_0 un punto di accumulazione per A e sia c un numero reale arbitrario $\neq 0$.*
Se $\lim_{x \to x_0} f(x) = l$ *allora*

$$\lim_{x \to x_0} (c \cdot f(x)) = c \cdot l \qquad (2.23)$$

Dimostrazione

Limitiamoci a dimostrare il teorema nel caso che $l \in \mathbb{R}$.
Per ipotesi abbiamo che:

$$\forall \varepsilon > 0 \; \exists \delta_\varepsilon > 0 : \forall x \in (I(x_0, \delta_\varepsilon) - \{x_0\}) \cap A \; \text{ si ha } \; |f(x) - l| < \varepsilon$$

Poiché

$$|c \cdot f(x) - c \cdot l| = |c(f(x) - l)| = |c| \cdot |f(x) - l| < |c| \cdot \varepsilon,$$

essendo l'ultimo membro un numero positivo arbitrario, in quanto è arbitrario ε, la (2.23) è dimostrata.

c.v.d.

Teorema 2.17 *Date due funzioni f e g di dominio A sia x_0 un punto di accumulazione per A.*
Se

$$\lim_{x \to x_0} f(x) = l \in \mathbb{R} \; e \; \lim_{x \to x_0} g(x) = l' \in \mathbb{R}$$

allora

$$\lim_{x \to x_0} [f(x) + g(x)] = \lim_{x \to x_0} f(x) + \lim_{x \to x_0} g(x) = l + l'$$

§2.8 Infinitesimi ed infiniti

Dimostrazione
Per ipotesi si ha

$$\forall \varepsilon > 0 \ \exists \delta_\varepsilon > 0 : \forall x \in (I(x_0, \delta_\varepsilon) - \{x_0\}) \cap A \text{ si ha } |f(x) - l| < \varepsilon$$
$$\forall \varepsilon > 0 \ \exists \delta'_\varepsilon > 0 : \forall x \in (I(x_0, \delta'_\varepsilon) - \{x_0\}) \cap A \text{ si ha } |g(x) - l'| < \varepsilon \quad (2.24)$$

Se denotiamo con $I(x_0, \delta^*)$ il "più piccolo" dei due intorni $I(x_0, \delta_\varepsilon)$ e $I(x_0, \delta'_\varepsilon)$, relativamente all'insieme $(I(x_0, \delta^*) - \{x_0\}) \cap A$ sono verificate entrambe le (2.24).
Poiché

$$\big|(f(x)+g(x))-(l+l')\big| = \big|(f(x)-l)+(g(x)-l')\big| \leq |f(x)-l|+|g(x)-l'|,$$

dalle (2.24), per la disuguaglianza ora ricavata, segue che:

$$\forall \varepsilon > 0, \forall x \in (I(x_0, \delta^*) - \{x_0\}) \cap A \text{ si ha } \big|(f(x)+g(x))-(l+l')\big| < 2\varepsilon \quad (2.25)$$

La (2.25) dice appunto che $\lim_{x \to x_0}[f(x)+g(x)] = l+l'$ e quindi il teorema è dimostrato. **c.v.d.**

Tale teorema si suole enunciare dicendo che *il limite di una somma è uguale alla somma dei limiti se questi ultimi sono finiti.*

Ci chiediamo ora:

- se le funzioni f e g non verificano le ipotesi del *Teorema 1.17*, è possibile ricavare qualche informazione circa il risultato dell'operazione $\lim_{x \to x_0}[f(x) + g(x)]$ conoscendo i risultati delle operazioni $\lim_{x \to x_0} f(x)$ e $\lim_{x \to x_0} g(x)$?

I seguenti teoremi, le cui semplici dimostrazioni vengono lasciate come esercizio allo Studente, ci dicono quando ciò è possibile.

Teorema 2.17.1 *Se esiste un intorno $I(x_0, \delta)$ di x_0 tale che la restrizione di f al dominio $(I(x_0, \delta) - \{x_0\}) \cap A$ è limitata inferiormente e $\lim_{x \to x_0} g(x) = +\infty$ allora*

$$\lim_{x \to x_0}[f(x) + g(x)] = +\infty$$

Teorema 2.17.2 *Se esiste un intorno $I(x_0, \delta)$ di x_0 tale che la restrizione di f al dominio $(I(x_0, \delta) - \{x_0\}) \cap A$ è limitata superiormente e $\lim_{x \to x_0} g(x) = -\infty$ allora*

$$\lim_{x \to x_0} [f(x) + g(x)] = -\infty$$

Teorema 2.17.3 *Se $\lim_{x \to x_0} f(x) = -\infty$ e $\lim_{x \to x_0} g(x) = -\infty$ allora*

$$\lim_{x \to x_0} [f(x) + g(x)] = -\infty$$

Teorema 2.17.4 *Se $\lim_{x \to x_0} f(x) = +\infty$ e $\lim_{x \to x_0} g(x) = +\infty$ allora*

$$\lim_{x \to x_0} [f(x) + g(x)] = +\infty$$

Un caso in cui dalla conoscenza dei risultati delle operazioni $\lim_{x \to x_0} f(x)$ e $\lim_{x \to x_0} g(x)$ non si può dedurre alcuna informazione circa il risultato dell'operazione $\lim_{x \to x_0} [f(x) + g(x)]$ si ha se è $\lim_{x \to x_0} f(x) = +\infty$ e $\lim_{x \to x_0} g(x) = -\infty$.

Quando si verifica tale situazione, si dice che si è in presenza del *caso di indecidibilità* $+\infty - \infty$

Teorema 2.18 *Date due funzioni f e g di dominio A sia x_0 un punto di accumulazione per A.*
Se

$$\lim_{x \to x_0} f(x) = l \in \mathbb{R} \text{ e } \lim_{x \to x_0} g(x) = l' \in \mathbb{R}$$

allora

$$\lim_{x \to x_0} [f(x) \cdot g(x)] = l \cdot l'.$$

§2.8 Infinitesimi ed infiniti

Dimostrazione
Per ipotesi si ha:

$$\forall \varepsilon > 0 \; \exists \delta_\varepsilon > 0 : \forall x \in (I(x_0, \delta_\varepsilon) - \{x_0\}) \cap A \text{ si ha } |f(x) - l| < \varepsilon$$
$$\forall \varepsilon > 0 \; \exists \delta'_\varepsilon > 0 : \forall x \in (I(x_0, \delta'_\varepsilon) - \{x_0\}) \cap A \text{ si ha } |g(x) - l'| < \varepsilon \quad (2.26)$$

Se denotiamo con $I(x_0, \delta^*)$ il "più piccolo" dei due intorni $I(x_0, \delta_\varepsilon)$ e $I(x_0, \delta'_\varepsilon)$, relativamente all'insieme $(I(x_0, \delta^*) - \{x_0\}) \cap A$ sono verificate entrambe le (2.26).

Poiché:

$$\big|f(x) \cdot g(x) - l \cdot l'\big| =$$

$$= \big|(f(x) - l) \cdot (g(x) - l') + l \cdot (g(x) - l') + l' \cdot (f(x) - l)\big| \leq$$

$$\leq \big|f(x) - l\big| \cdot \big|g(x) - l'\big| + |l| |g(x) - l'| + |l'| \cdot \big|f(x) - l\big|,$$

dalle (2.26), per la disuguaglianza ora ricavata, segue che:

$$\forall \varepsilon > 0, \forall x \in (I(x_0, \delta^*) - \{x_0\}) \cap A \text{ si ha}$$
$$\big|f(x) \cdot g(x) - l \cdot l'\big| < \varepsilon \cdot \varepsilon + |l| \cdot \varepsilon + |l'| \cdot \varepsilon = \varepsilon \cdot (\varepsilon + |l| + |l'|) \quad (2.27)$$

Essendo ε arbitrario, anche $\varepsilon \cdot (\varepsilon + |l| + |l'|)$ lo è, e pertanto la (2.27) dice appunto che $\lim_{x \to x_0} [f(x) \cdot g(x)] = l \cdot l'$ e quindi il teorema è dimostrato.

c.v.d.

Tale teorema si suol enunciare dicendo che *il limite di un prodotto è uguale al prodotto dei limiti se questi ultimi sono finiti.*

Anche qui ci chiediamo:

– se le funzioni f e g non verificano le ipotesi del *Teorema 2.18* è possibile ricavare qualche informazione circa il risultato dell'operazione $\lim_{x \to x_0} [f(x) \cdot g(x)]$ conoscendo i risultati delle operazioni: $\lim_{x \to x_0} f(x)$ e $\lim_{x \to x_0} g(x)$?

I seguenti teoremi, le cui semplici dimostrazioni vengono lasciate come esercizio allo Studente, ci dicono quando ciò è possibile.

Teorema 2.18.1 *Se esiste un intorno $I(x_0, \delta)$ di x_0 tale che la restrizione di f di dominio $(I(x_0, \delta) - \{x_0\}) \cap A$ ha l'inf positivo e $\lim_{x \to x_0} g(x) = \pm \infty$*
allora
$$\lim_{x \to x_0} [f(x) \cdot g(x)] = \pm \infty.$$

Teorema 2.18.2 *Se esiste un intorno $I(x_0, \delta)$ di x_0 tale che la restrizione di f di dominio $(I(x_0, \delta) - \{x_0\}) \cap A$ ha il sup negativo e $\lim_{x \to x_0} g(x) = \pm \infty$*
allora
$$\lim_{x \to x_0} [f(x) \cdot g(x)] = \mp \infty.$$

Teorema 2.18.3 *Se esiste un intorno $I(x_0, \delta)$ di x_0 tale che la restrizione di f di dominio $(I(x_0, \delta) - \{x_0\}) \cap A$ è limitata e $\lim_{x \to x_0} g(x) = 0$, cioè g è infinitesima per $x \to x_0$ allora*
$$\lim_{x \to x_0} [f(x) \cdot g(x)] = 0 \quad ,$$
e quindi anche la funzione prodotto è infinitesima per $x \to x_0$.

Un caso in cui dalla conoscenza dei risultati delle operazioni $\lim_{x \to x_0} f(x)$ e $\lim_{x \to x_0} g(x)$ non si può dedurre alcuna informazione circa il risultato dell'operazione $\lim_{x \to x_0} [f(x) \cdot g(x)]$ si ha quando $\lim_{x \to x_0} f(x) = 0$ e $\lim_{x \to x_0} g(x) = \pm \infty$, cioè quando una delle due funzioni è *infinitesima* e l'altra *infinita* per $x \to x_0$.

Quando si verifica tale situazione, si dice che si è in presenza del *caso di indecidibilità* $0 \cdot (\pm \infty)$.

Teorema 2.19 *Date due funzioni f e g di dominio A, con $g(x) \neq 0$, $\forall x \in A$, sia x_0 un punto di accumulazione per A.*
Se:
$$\lim_{x \to x_0} f(x) = l \in \mathbb{R} \quad e \quad \lim_{x \to x_0} g(x) = l' \in \mathbb{R} - \{0\}$$

§2.8 Infinitesimi ed infiniti

allora
$$\lim_{x \to x_0} \frac{f(x)}{g(x)} = \frac{l}{l'}. \tag{2.28}$$

Dimostrazione
Provare la (2.28) è lo stesso che provare che la funzione
$$F : y = F(x) = \frac{f(x)}{g(x)} - \frac{l}{l'}, \quad x \in A$$
è infinitesima per $x \to x_0$.

Poiché
$$F(x) = \frac{f(x)}{g(x)} - \frac{l}{l'} = \frac{l' \cdot f(x) - l \cdot g(x)}{l' \cdot g(x)} = \frac{1}{l' \cdot g(x)} \cdot (l' \cdot f(x) - l \cdot g(x))$$

concludiamo che la funzione F può essere riguardata come una *funzione prodotto* delle due funzioni:
$$\begin{array}{ll} F_1 : y = F_1(x) = \frac{1}{l' \cdot g(x)}, & x \in A \\ F_2 : y = F_2(x) = l' \cdot f(x) - l \cdot g(x), & x \in A. \end{array}$$

Dalle ipotesi segue che la funzione F_2 è infinitesima per $x \to x_0$.

Se riusciamo a provare che esiste un intorno $I(x_0, \delta)$ di x_0 tale che la *restrizione* di F_1 di dominio $I(x_0, \delta) \cap A$ è limitata, per il *Teorema 2.18.3* concludiamo che la funzione F è infinitesima per $x \to x_0$ e quindi il teorema è provato.

Per ipotesi:
$$\lim_{x \to x_0} g(x) = l' \in \mathbb{R} - \{0\};$$
il *Teorema 2.15* ci assicura quindi che
$$\lim_{x \to x_0} |g(x)| = |l'|$$
cioè
$\forall \varepsilon > 0 \, \exists \delta_\varepsilon > 0 : \forall x \in (I(x_0, \delta_\varepsilon) - \{x_0\}) \cap A$ si ha $|l'| - \varepsilon < |g(x)| < |l'| + \varepsilon$.

Se scegliamo $\varepsilon = \bar{\varepsilon} > \frac{|l'|}{2}$ dalla disuguaglianza di sinistra segue:
$$|g(x)| > |l'| - \frac{|l'|}{2} = \frac{|l'|}{2}$$

da cui
$$\frac{1}{|g(x)|} < \frac{2}{|l'|} \qquad (2.29)$$

Dalla (2.29), moltiplicando ambo i membri per $\frac{1}{|l'|}$ segue:

$$\frac{1}{|l'|\cdot|g(x)|} < \frac{2}{|l'|\cdot|l'|} \iff \frac{1}{|l'\cdot g(x)|} < \frac{1}{(l')^2} \iff -\frac{1}{(l')^2} < \frac{1}{l'\cdot g(x)} < \frac{1}{(l')^2}$$

quindi la *restrizione* di F_1 di dominio $(I(x_0,\delta)\cap A)$ è limitata ed il teorema è dimostrato.

c.v.d.

Tale teorema si suole enunciare dicendo che *il limite del quoziente è il quoziente dei limiti se questi ultimi sono finiti ed il limite della funzione che compare al denominatore è diverso da 0.*

Ci poniamo la solita domanda:

- Se le funzioni f e g non verificano le ipotesi del *Teorema 2.19*, è possibile ricavare qualche informazione circa il risultato dell'operazione di limite

$$\lim_{x \to x_0} \frac{f(x)}{g(x)}$$

conoscendo i risultati delle operazioni: $\lim_{x \to x_0} f(x)$ e $\lim_{x \to x_0} g(x)$?

I seguenti teoremi, le cui semplici dimostrazioni vengono lasciate come esercizio allo Studente, ci dicono quando ciò è possibile.

Teorema 2.19.1 *Se esiste un intorno $I(x_0,\delta)$ di x_0 tale che la restrizione di f di dominio $(I(x_0,\delta)-\{x_0\})\cap A$ è limitata e g è infinita per $x \to x_0$*

allora $\frac{f}{g}$ è infinitesima per $x \to x_0$.

Teorema 2.19.2 *Se esiste un intorno $I(x_0,\delta)$ di x_0 tale che la restrizione di f di dominio $(I(x_0,\delta)-\{x_0\})\cap A$ è limitata e g è infinitesima per $x \to x_0$*

allora $\frac{f}{g}$ è infinita per $x \to x_0$ cioè $\lim_{x \to x_0}\left|\frac{f(x)}{g(x)}\right|=+\infty$.

§2.8 Infinitesimi ed infiniti

Teorema 2.19.3 *Se f è infinita e g è infinitesima per $x \to x_0$ allora $\frac{f}{g}$ è infinita per $x \to x_0$ cioè*

$$\lim_{x \to x_0} \left| \frac{f(x)}{g(x)} \right| = +\infty.$$

Due casi in cui dalla conoscenza dei risultati delle operazioni: $\lim_{x \to x_0} f(x)$ e $\lim_{x \to x_0} g(x)$ non si può dedurre alcuna informazione circa il risultato dell'operazione $\lim_{x \to x_0} \frac{f(x)}{g(x)}$ si hanno quando:

- entrambe le funzioni f e g sono *infinitesime* per $x \to x_0$

- entrambe le funzioni f e g sono *infinite* per $x \to x_0$.

Quando si verificano tali situazioni, si dice che si è in presenza rispettivamente dei *casi di indecidibilità* $\dfrac{0}{0}$ e $\dfrac{\pm\infty}{\pm\infty}$.

Teorema 2.20 *Date due funzioni f e g di dominio A (con $f(x) > 0$, $\forall x \in A$), sia x_0 un punto di accumulazione per A.*
Se:

$$\lim_{x \to x_0} f(x) = l \in (0, +\infty) \quad e \quad \lim_{x \to x_0} g(x) = l' \in \mathbb{R}$$

allora

$$\lim_{x \to x_0} [f(x)]^{g(x)} = l^{l'}$$

Per ragioni di spazio non diamo la dimostrazione di tale teorema che lo Studente interessato può trovare in molti testi di Analisi Matematica.

Ciò che invece vogliamo fare è enunciare, sempre senza dimostrazione, alcuni teoremi che ci informano sul risultato dell'operazione

$$\lim_{x \to x_0} [f(x)]^{g(x)}$$

quando le funzioni f e g non verificano le ipotesi del *Teorema 2.20*.

Tali teoremi sono:

se $\lim_{x \to x_0} f(x) = l \in (0,1)$ e $\lim_{x \to x_0} g(x) = +\infty$

allora $\lim_{x \to x_0} [f(x)]^{g(x)} = 0$

se $\lim_{x \to x_0} f(x) = l \in (0,1)$ e $\lim_{x \to x_0} g(x) = -\infty$

allora $\lim_{x \to x_0} [f(x)]^{g(x)} = +\infty$

se $\lim_{x \to x_0} f(x) = l \in (1,+\infty)$ e $\lim_{x \to x_0} g(x) = +\infty$

allora $\lim_{x \to x_0} [f(x)]^{g(x)} = +\infty$

se $\lim_{x \to x_0} f(x) = l \in (1,+\infty)$ e $\lim_{x \to x_0} g(x) = -\infty$

allora $\lim_{x \to x_0} [f(x)]^{g(x)} = 0$

se $\lim_{x \to x_0} f(x) = +\infty$ e $\lim_{x \to x_0} g(x) = l' \in (0,+\infty]$

allora $\lim_{x \to x_0} [f(x)]^{g(x)} = +\infty$

se $\lim_{x \to x_0} f(x) = +\infty$ e $\lim_{x \to x_0} g(x) = l' \in [-\infty,0)$

allora $\lim_{x \to x_0} [f(x)]^{g(x)} = 0$

Tre casi in cui dalla conoscenza dei risultati delle operazioni $\lim_{x \to x_0} f(x)$ e $\lim_{x \to x_0} g(x)$ non si può dedurre alcuna informazione circa il risultato dell'operazione:

$$\lim_{x \to x_0} [f(x)]^{g(x)}$$

si hanno quando:

$$\lim_{x \to x_0} f(x) = +\infty \quad \text{e} \quad \lim_{x \to x_0} g(x) = 0$$

$$\lim_{x \to x_0} f(x) = 1 \quad \text{e} \quad \lim_{x \to x_0} g(x) = \pm\infty$$

$$\lim_{x \to x_0} f(x) = 0 \quad \text{e} \quad \lim_{x \to x_0} g(x) = 0.$$

§2.8 Infinitesimi ed infiniti

Quando si verificano tali situazioni si dice che si è in presenza rispettivamente dei *casi di indecidibilità*

$$+\infty^0, \quad 1^{\pm\infty}, \quad 0^0.$$

Riassumendo:

I *casi di indecidibilità* che si possono incontrare quando si effettua un'operazione di limite sono *sette*:

$$+\infty-\infty; \quad 0\cdot(\pm\infty); \quad \frac{0}{0}; \quad \frac{\pm\infty}{\pm\infty}; \quad +\infty^0; \quad 1^{\pm\infty}; \quad 0^0;$$

li abbiamo chiamati così perché non entrano tra le convenzioni fatte, nel libro "Funzioni reali di una variabile reale", paragrafo 1.16, per l'uso dei simboli $+\infty$ e $-\infty$ e pertanto non possiamo decidere qual è il valore del limite.

Il loro presentarsi, quando si effettua un'operazione di limite: $\lim_{x \to x_0} f(x)$ dipende dal fatto che la "formula", che rappresenta la legge d'associazione della funzione su cui si opera, non è adatta per vedere come si dispongono nell'*insieme d'arrivo* $B = \widetilde{\mathbb{R}}$, le immagini $f(x)$ dei punti $x \in A$ e "vicini" al punto x_0 (punto d'accumulazione per il dominio A).

Nel paragrafo 2.10 vedremo come comportarsi in tali casi.

Enunciamo intanto un ultimo teorema largamente usato nella pratica.

Teorema 2.21 *Date due funzioni*

$$f_1 : u = f_1(x) \quad, x \in A$$
$$f_2 : y = f_2(u) \quad, u \in f_1(A)$$

e costruita la funzione composta

$$f_2 \circ f_1 : y = (f_2 \circ f_1)(x) = f_2[f_1(x)], \, x \in A$$

Se:

I. *esiste* $\lim_{x \to x_0} f_1(x) = u_0$

II. u_0 *è punto di accumulazione per* $f_1(A)$

III. esiste $\lim_{u \to u_0} f_2(u) = l$

allora
$$\lim_{x \to x_0} (f_2 \circ f_1)(x) = \lim_{u \to u_0} f_2(u) = l. \qquad (2.30)$$

Non vogliamo dare la dimostrazione di tale teorema ma vogliamo invece metterne in risalto il significato.

Poiché ogni funzione composta ha per codominio quello dell'ultima funzione componente, il teorema stabilisce che indagare come si dispongono nell'insieme di arrivo le immagini $(f_2 \circ f_1)(x)$ dei punti $x \in A$ e "vicini" al punto x_0 è la stessa cosa che indagare come si dispongono le immagini $f_2(u)$ dei punti $u \in f_1(A)$ "vicini" al punto u_0.

Questo è ciò che dice la tesi (2.30) del teorema.

Come si può utilizzare tale teorema nella pratica?

Nella pratica abbiamo una funzione f di dominio A ed un punto x_0 di accumulazione per A. Se su di essa dobbiamo effettuare l'operazione di limite:
$$\lim_{x \to x_0} f(x) \qquad (2.31)$$
e ci troviamo di fronte a un *caso di indecidibilità*, si può utilizzare il *Teorema 2.21* in due modi:

I modo. Si cerca una funzione $\varphi : x = \varphi(t)$, $t \in I$ tale che

1. si possa costruire la funzione composta
$$f \circ \varphi : y = (f \circ \varphi)(t) = f[\varphi(t)], \quad t \in I$$

2. esista un punto t_0 di accumulazione per I tale che
$$\lim_{t \to t_0} \varphi(t) = x_0$$

Sotto le ipotesi 1. e 2. il suddetto teorema consente di effettuare l'operazione di limite:
$$\lim_{t \to t_0} f[\varphi(t)]$$
in luogo dell'operazione (2.31).

Qui la funzione su cui si deve operare è riguardata come la seconda funzione di una funzione composta.

II modo. Si cercano due funzioni

$$\varphi_1 : u = \varphi_1(x) \quad , x \in A (\text{dominio di} f)$$
$$\varphi_2 : y = \varphi_2(u) \quad , x \in \varphi_1(A)$$

tali che:

1. $(\varphi_2 \circ \varphi_1)(x) = \varphi_2[\varphi_1(x)] = f(x), \ \forall x \in A$

2. esista $\lim_{x \to x_0} \varphi_1(x) = u_0$

3. u_0 sia punto di accumulazione per $\varphi_1(A)$.

Sotto le ipotesi 1., 2., 3. il suddetto teorema consente di effettuare l'operazione di limite

$$\lim_{u \to u_0} \varphi_2(u)$$

in luogo dell'operazione (2.31).

Qui la funzione su cui si deve operare è stata riguardata come una funzione composta ed invece di operare su di essa si opera sulla sua seconda funzione componente.

Più tardi avremo occasione di utilizzare il *Teorema 2.21* per cui prenderemo dimestichezza con esso.

Segnaliamo intanto alcune operazioni di limite effettuate su *funzioni elementari* i cui risultati sono di uso corrente.

2.9 Operazioni di limite su funzioni elementari

Diciamo subito che con la locuzione "funzioni elementari" intendiamo riferirci ad alcune delle funzioni incontrate nel libro "Funzioni reali di una variabile reale".

Esse sono:

$$f : y = f(x) = c \qquad , x \in A = (-\infty, +\infty) \quad \text{ove } c \in (-\infty, +\infty)$$

$$f : y = f(x) = x^n \qquad , x \in A = (-\infty, +\infty) \quad \text{ove } n \in \mathbb{N}$$

$$f : y = f(x) = x^\alpha \qquad , x \in A = (0, +\infty) \qquad \text{ove } \alpha \in (-\infty, +\infty)$$

$$f : y = f(x) = a^x \qquad , x \in A = (-\infty, +\infty) \quad \text{ove } a \in (0, +\infty)$$

$$f : y = f(x) = \log_b x \qquad , x \in A = (0, +\infty) \qquad \text{ove } b \in (0, 1) \cup (1, +\infty)$$

$$f : y = f(x) = \sin x \qquad , x \in A = (-\infty, +\infty)$$

$$f : y = f(x) = \arcsin x \qquad , x \in A = [-1, +1]$$

$$f : y = f(x) = \cos x \qquad , x \in A = (-\infty, +\infty)$$

$$f : y = f(x) = \arccos x \qquad , x \in A = [-1, +1]$$

$$f : y = f(x) = \arctan x \qquad , x \in A = (-\infty, +\infty)$$

$$f : y = f(x) = \text{arccotan} x \qquad , x \in A = (-\infty, +\infty)$$

Elenchiamo qui di seguito i risultati di alcune operazioni di limite eseguite su di esse ed invitiamo lo Studente ad "interiorizzare" tali risultati dopo averne verificato l'esattezza per mezzo della (2.2) oppure (2.2').

§2.9 Operazioni di limite su funzioni elementari

$$\lim_{x \to x_0} f(x) = \lim_{x \to x_0} c = c \qquad \text{ove } x_0 \in (-\infty, +\infty)$$

$$\lim_{x \to x_0} f(x) = \lim_{x \to x_0} x^n = x_0^n \qquad \text{ove } x_0 \in (-\infty, +\infty)$$

$$\lim_{x \to +\infty} f(x) = \lim_{x \to +\infty} x^n = +\infty$$

$$\lim_{x \to -\infty} f(x) = \lim_{x \to -\infty} x^n = \begin{cases} +\infty & \text{se } n \text{ è pari} \\ -\infty & \text{se } n \text{ è dispari} \end{cases}$$

$$\lim_{x \to 0} f(x) = \lim_{x \to 0} x^\alpha = \begin{cases} 0 & \text{se è } \alpha \in (0, +\infty) \\ 1 & \text{se è } \alpha = 0 \\ +\infty & \text{se è } \alpha \in (-\infty, 0) \end{cases}$$

$$\lim_{x \to x_0} f(x) = \lim_{x \to x_0} x^\alpha = x_0^\alpha \qquad \text{ove } x_0 \in (0, +\infty)$$

$$\lim_{x \to +\infty} f(x) = \lim_{x \to +\infty} x^\alpha = \begin{cases} +\infty & \text{se è } \alpha \in (0, +\infty) \\ 1 & \text{se è } \alpha = 0 \\ 0 & \text{se è } \alpha \in (-\infty, 0) \end{cases}$$

$$\lim_{x \to x_0} f(x) = \lim_{x \to x_0} a^x = a^{x_0} \qquad \text{ove } x_0 \in (-\infty, +\infty)$$

$$\lim_{x \to +\infty} f(x) = \lim_{x \to +\infty} a^x = \begin{cases} 0 & \text{se è } a \in (0, 1) \\ 1 & \text{se è } a = 1 \\ +\infty & \text{se è } a \in (1, +\infty) \end{cases}$$

$$\lim_{x \to -\infty} f(x) = \lim_{x \to -\infty} a^x = \begin{cases} +\infty & \text{se è } a \in (0, 1) \\ 1 & \text{se è } a = 1 \\ 0 & \text{se è } a \in (1, +\infty) \end{cases}$$

$$\lim_{x \to 0} f(x) = \lim_{x \to 0} \log_b x = \begin{cases} +\infty & \text{se } b \in (0, 1) \\ -\infty & \text{se } b \in (1, +\infty) \end{cases}$$

$$\lim_{x \to x_0} f(x) = \lim_{x \to x_0} \log_b x = \log_b x_0 \qquad \text{ove } x_0 \in (0, +\infty)$$

$$\lim_{x \to +\infty} f(x) = \lim_{x \to +\infty} \log_b x = \begin{cases} -\infty & \text{se } b \in (0, 1) \\ +\infty & \text{se } b \in (1, +\infty) \end{cases}$$

$$\lim_{x \to x_0} f(x) = \lim_{x \to x_0} \sin x = \sin x_0 \qquad \text{ove } x_0 \in (-\infty, +\infty)$$

$$\lim_{x \to x_0} f(x) = \lim_{x \to x_0} \arcsin x = \arcsin x_0 \qquad \text{ove } x_0 \in [-1, 1]$$

$$\lim_{x \to x_0} f(x) = \lim_{x \to x_0} \cos x = \cos x_0 \qquad \text{ove } x_0 \in (-\infty, +\infty)$$

$$\lim_{x \to x_0} f(x) = \lim_{x \to x_0} \arccos x = \arccos x_0 \qquad \text{ove } x_0 \in [-1, 1]$$

$$\lim_{x \to x_0} f(x) = \lim_{x \to x_0} \arctan x = \arctan x_0 \qquad \text{ove } x_0 \in (-\infty, +\infty)$$

$$\lim_{x \to +\infty} f(x) = \lim_{x \to +\infty} \arctan x = \frac{\pi}{2}$$

$$\lim_{x \to -\infty} f(x) = \lim_{x \to -\infty} \arctan x = -\frac{\pi}{2}$$

$$\lim_{x \to x_0} f(x) = \lim_{x \to x_0} \arccotan x = \arcotan x_0 \qquad \text{ove } x_0 \in (-\infty, +\infty)$$

$$\lim_{x \to +\infty} f(x) = \lim_{x \to +\infty} \arccotan x = 0$$

$$\lim_{x \to -\infty} f(x) = \lim_{x \to -\infty} \arccotan x = \pi$$

Andiamo finalmente a vedere come si esegue nella pratica l'operazione di limite, cioè rispondiamo all'obiettivo 6.

2.10 Come si esegue nella pratica l'operazione di limite

Affrontiamo finalmente il problema di come effettuare un'operazione di limite su una funzione la cui legge d'associazione è assegnata mediante una "formula".

Vediamo come i teoremi enunciati nel paragrafo 2.8 ci danno una mano!

§2.10 Come si esegue nella pratica l'operazione di limite

Si consiglia di procedere cosí:

1. *analizzare* le operazioni indicate nella "formula" che rappresenta la legge d'associazione della funzione e *decidere* se si tratta di una *funzione somma, prodotto, quoziente,* ...; in altre parole individuare a partire da quali funzioni è stata costruita la funzione in istudio.

   Chiameremo queste ultime *funzioni – mattone*.

   Ciascuna funzione – mattone a sua volta può essere:

   - o una *funzione elementare*
   - o una funzione somma, prodotto, quoziente, ecc. di funzioni elementari.

2. *effettuare l'operazione di limite* su ciascuna funzione – mattone

3. *utilizzare* qualcuno dei teoremi enunciati nel paragrafo 2.8 per dedurre, dai limiti delle funzioni – mattone, il limite della funzione su cui si sta operando.

Prima di sperimentare tale procedimento su degli esempi, facciamo qualche commento.

Tutto il gioco consiste nel dedurre, per mezzo di qualcuno dei teoremi del paragrafo 2.8, dai limiti delle *funzioni elementari* (che sono noti) i limiti delle *funzioni – mattone* e da questi ultimi, sempre per mezzo di qualcuno dei teoremi del paragrafo 2.8, il limite della funzione in esame.

Il procedimento quindi può "bloccarsi" in due situazioni:

1. quando non si riesce ad effettuare l'operazione di limite su qualche funzione – mattone perchè non sono verificate le ipotesi del teorema che si dovrebbe applicare.

2. quando, pur conoscendo i limiti di tutte le funzioni – mattone, da essi non si può dedurre il limite della funzione in esame sempre perchè non sono verificate le ipotesi del teorema che si dovrebbe applicare.

In entrambe le situazioni siamo in presenza di uno dei casi di indecidibilità.

Che fare allora?

Si cerca di rappresentare la legge d'associazione della funzione in istudio per mezzo di un'altra formula[11] e si riapplica il "procedimento" descritto nella speranza di non incontrare di nuovo un "caso di indecidibilità".[12]

Illustriamo il metodo consigliato su alcuni esempi.

Esempio 2.3 *Supponiamo che si debba effettuare l'operazione di limite*

$$\lim_{x \to +\infty} (x^2 + x)$$

La funzione su cui si deve operare è $f : y = f(x) = x^2 + x$, $x \in A = (-\infty, +\infty)$.

Si tratta di una funzione somma *di due funzioni (funzioni – mattone):*

$$f_1 : y = f_1(x) = x^2, \ x \in A = (-\infty, +\infty)$$
$$f_2 : y = f_2(x) = x, \ x \in A = (-\infty, +\infty);$$

entrambe sono funzioni elementari e, per $x \to +\infty$, *hanno per limite* $l = +\infty$.

Il Teorema 2.17.4 ci permette di concludere che $\lim_{x \to +\infty} (x^2 + x) = +\infty$.

Se invece, sempre sulla stessa funzione, vogliamo effettuare quest'altra operazione di limite:

$$\lim_{x \to -\infty} (x^2 + x) \tag{2.32}$$

ci troviamo di fronte al caso di indecidibilità: $+\infty - \infty$, *perché* $\lim_{x \to -\infty} f_1(x) = +\infty$ *e* $\lim_{x \to -\infty} f_2(x) = -\infty$.

---

[11]Osserviamo che per la costruzione di quest'ultima si parte dalla "formula" mediante la quale è assegnata inizialmente la legge d'associazione; per trovarla non ci sono però "ricette" da suggerire.

[12]Se rappresentiamo la legge d'associazione per mezzo di un'altra "formula", la funzione stessa resta costruita a partire da altre *funzioni – mattone*; da qui la speranza che qualcuno dei teoremi enunciati ci risolva il problema.

§2.10 Come si esegue nella pratica l'operazione di limite

Cerchiamo allora una nuova "formula" per rappresentare la legge d'associazione f.

Partendo da $f(x) = x^2 + x$ e mettendo in evidenza x^2, otteniamo quest'altra "formula":

$$f(x) = x^2 \cdot \left(1 + \frac{1}{x}\right) \qquad (2.33)$$

che non rappresenta la legge d'associazione della funzione data, ma della sua restrizione *di dominio $A_1 = (-\infty, 0) \cup (0, +\infty)$.*

La (2.33) va tuttavia bene[13] *per effettuare l'operazione di limite (2.32) perché fornisce le immagini $f(x)$ di tutti i punti $x \in A$ "vicini" a $-\infty$ e quindi possiamo scrivere*

$$\lim_{x \to -\infty} f(x) = \lim_{x \to -\infty} \left[x^2 \cdot \left(1 + \frac{1}{x}\right)\right]$$

e, per il Teorema 2.18.1, *concludere che il limite esiste ed è $l = +\infty$.*

L'esempio esaminato ci suggerisce quest'orientamento di carattere generale:

– Se dobbiamo effettuare l'operazione di limite per $x \to \pm\infty$ su di una *funzione polinomiale*:

$$f : y = f(x) = a_0 \cdot x^n + a_1 \cdot x^{n-1} + a_2 \cdot x^{n-2} + \ldots + a_n \,(\text{con } a_0 \neq 0),$$
$$x \in A = (-\infty, +\infty)$$

e si presenta il caso di indecidibilità $+\infty - \infty$, si può utilizzare la "formula":

$$f(x) = x^n \cdot \left(a_0 + \frac{a_1}{x} + \frac{a_2}{x^2} + \ldots + \frac{a_n}{x^n}\right), \qquad (2.34)$$

---

[13]Capita spesso che operando sulla "formula" che rappresenta la legge d'associazione di una funzione, si ottenga un'altra "formula" che rappresenta la legge d'associazione di una *restrizione* di essa. La "formula" ottenuta è buona per rappresentare la legge d'associazione in un'operazione di limite: $\lim_{x \to x_0} f(x)$ se, detto A_1 il dominio della restrizione ed A quello della funzione, esiste un intorno $I(x_0, \delta)$ di x_0 tale che: $\left(I(x_0, \delta) - \{x_0\}\right) \cap A = \left(I(x_0, \delta) - \{x_0\}\right) \cap A_1$

che rappresenta appunto la legge d'associazione della restrizione di f di dominio $A_1 = (-\infty, 0) \cup (0, +\infty)$ e quindi è buona per effettuare l'operazione di limite per $x \to \pm\infty$.

Tenendo infatti presente il risultato delle operazioni di limite $\lim_{x \to \pm\infty} x^n$ e che

$$\lim_{x \to \pm\infty} \left(a_0 + \frac{a_1}{x} + \frac{a_2}{x^2} + \ldots + \frac{a_n}{x^n} \right) = a_0$$

si ha

$$I) \quad \lim_{x \to +\infty} f(x) = (+\infty) \cdot a_0 = \begin{cases} +\infty & \text{se } a_0 > 0 \\ -\infty & \text{se } a_0 < 0 \end{cases}$$

$$II) \quad \lim_{x \to -\infty} f(x) = \begin{cases} (+\infty) \cdot a_0 \text{ se n è pari} \begin{cases} +\infty, & \text{se } a_0 > 0 \\ -\infty, & \text{se } a_0 < 0 \end{cases} \\ (-\infty) \cdot a_0 \text{ se n è dispari} \begin{cases} -\infty, & \text{se } a_0 > 0 \\ +\infty, & \text{se } a_0 < 0 \end{cases} \end{cases}$$

- Se dobbiamo infine effettuare l'operazione di limite per $x \to \pm\infty$ su di una *funzione razionale*:

$$f : y = f(x) = \frac{P_m(x)}{P_n(x)} = \frac{b_0 \cdot x^m + b_1 \cdot x^{m-1} + b_2 \cdot x^{m-2} + \ldots + b_m}{a_0 \cdot x^n + a_1 \cdot x^{n-1} + a_2 \cdot x^{n-2} + \ldots + a_n},$$

$(a_0 \neq 0; b_0 \neq 0)$, $x \in A = \{x \in \mathbb{R} : P_n(x) \neq 0\}$

per quanto sopra detto, ci troviamo davanti al *caso di indecidibilità* $\frac{\pm\infty}{\pm\infty}$.

Utilizzando la (2.34) per scrivere i polinomi $P_m(x)$ e $P_n(x)$, si ha

$$\lim_{x \to +\infty} f(x) = \lim_{x \to +\infty} \frac{x^m \cdot \left(b_0 + \frac{b_1}{x} + \frac{b_2}{x^2} + \ldots + \frac{b_m}{x^m} \right)}{x^n \cdot \left(a_0 + \frac{a_1}{x} + \frac{a_2}{x^2} + \ldots + \frac{a_n}{x^n} \right)} =$$

$$= \lim_{x \to +\infty} \frac{x^m}{x^n} \cdot \frac{b_0}{a_0} = \begin{cases} +\infty \cdot \frac{b_0}{a_0} & \text{se } m > n \\ \frac{b_0}{a_0} & \text{se } m = n \\ 0 \cdot \frac{b_0}{a_0} = 0 & \text{se } m < n \end{cases}$$

§2.10 Come si esegue nella pratica l'operazione di limite

In modo del tutto analogo si ragiona nell'effettuare l'operazione di limite per $x \to -\infty$.

Esempio 2.4 *Supponiamo che si debba effettuare l'operazione di limite*

$$\lim_{x \to +\infty} \frac{e^x}{e^x + 5}$$

La funzione su cui si deve operare è

$$f : y = f(x) = \frac{e^x}{e^x + 5}, \quad x \in A = (-\infty, +\infty)$$

e se viene riguardata come funzione quoziente *delle due funzioni:*

$$f_1 : y = f_1(x) = e^x, \quad x \in A = (-\infty, +\infty)$$
$$f_2 : y = f_2(x) = e^x + 5, \quad x \in A = (-\infty, +\infty)$$

poiché

$$\lim_{x \to +\infty} f_1(x) = \lim_{x \to +\infty} e^x = +\infty$$

e

$$\lim_{x \to +\infty} f_2(x) = \lim_{x \to +\infty} (e^x + 5) = +\infty + 5 = +\infty$$

ci troviamo di fronte al caso di indecidibilità $\frac{+\infty}{+\infty}$.

Se pensiamo invece la funzione data come funzione composta $\varphi_2 \circ \varphi_1$ ove:

$$\varphi_1 : u = \varphi_1(x) = e^x, \quad x \in A = (-\infty, +\infty)$$
$$\varphi_2 : y = \varphi_2(u) = \frac{u}{u+5}, \quad u \in \varphi_1(A) = (0, +\infty)$$

poiché $\lim_{x \to +\infty} \varphi_1(x) = \lim_{x \to +\infty} e^x = +\infty$ *e $+\infty$ è punto di accumulazione per $\varphi_1(A) = (0, +\infty)$, per il Teorema 2.21 (utilizzato nel modo 2) si ha:*

$$\lim_{x \to +\infty} f(x) = \lim_{u \to +\infty} \varphi_2(u) = \lim_{u \to +\infty} \frac{u}{u+5} =$$

per quanto abbiamo detto nell'esempio 2.3

$$= \lim_{u \to +\infty} \frac{1}{1 + \frac{5}{u}} = 1.$$

Esempio 2.5 *Supponiamo che si debba effettuare l'operazione di limite:*

$$\lim_{x \to +\infty} [\log(x^2 + x + 1) - \log x].$$

La funzione su cui si deve operare è:

$$f : y = f(x) = \log(x^2 + x + 1) - \log x, \quad x \in A = (0, +\infty)$$

ed è funzione somma delle due funzioni:

$$\begin{aligned} f_1 &: y = f_1(x) = \log(x^2 + x + 1) &, x \in A = (0, +\infty) \\ f_2 &: y = f_2(x) = -\log x &, x \in A = (0, +\infty) \end{aligned}$$

aventi per limiti, per $x \to +\infty$, rispettivamente $+\infty$ e $-\infty$.
Ci troviamo di fronte al caso di indecidibilità $+\infty - \infty$.
Tenendo presenti le proprietà dei logaritmi, possiamo scrivere:

$$f : y = f(x) = \log \frac{x^2 + x + 1}{x}, \quad x \in A = (0, +\infty) \qquad (2.35)$$

La (2.35) ci presenta la funzione data come funzione composta da due funzioni:

$$\begin{aligned} \varphi_1 &: u = \varphi_1(x) = \frac{x^2+x+1}{x} &, x \in A = (0, +\infty) \\ \varphi_2 &: y = \varphi_2(u) = \log u &, u \in \varphi_1(A) \end{aligned}$$

Poichè

$$\lim_{x \to +\infty} \varphi_1(x) = \lim_{x \to +\infty} \frac{x^2 + x + 1}{x} = \lim_{x \to +\infty} \left(x + 1 + \frac{1}{x}\right) = +\infty$$

e $+\infty$ è punto d'accumulazione per $\varphi_1(A)$, per il Teorema 2.21 (utilizzato nel modo 2) si ha:

$$\lim_{x \to +\infty} f(x) = \lim_{u \to +\infty} \varphi_2(u) = \lim_{u \to +\infty} \log u = +\infty$$

Esempio 2.6 *Supponiamo che si debba effettuare l'operazione di limite*

$$\lim_{x \to +\infty} \frac{1}{\sqrt{x+1} - \sqrt{x}}$$

§2.10 Come si esegue nella pratica l'operazione di limite

La funzione su cui si deve operare è:

$$f : y = f(x) = \frac{1}{\sqrt{x+1} - \sqrt{x}}, \quad x \in A = [0, +\infty).$$

Si tratta di una funzione quoziente *le cui funzioni – mattone sono:*

$$f_1 : y = f_1(x) = 1 \quad , x \in A = [0, +\infty)$$
$$f_2 : y = f_2(x) = \sqrt{x+1} - \sqrt{x} \quad , x \in A = [0, +\infty).$$

Poichè $\lim_{x \to +\infty} f_2(x) = \lim_{x \to +\infty} (\sqrt{x+1} - \sqrt{x}) = +\infty - \infty$ *(caso di indecidibilità), il procedimento consigliato si blocca.*

Si pone allora la necessità di costruire una nuova "formula".
Per fare ciò, partiamo dalla "formula data".

$$f(x) = \frac{1}{\sqrt{x+1} - \sqrt{x}} =$$

moltiplicando numeratore e denominatore per $\sqrt{x+1} + \sqrt{x}$

$$= \frac{\sqrt{x+1} + \sqrt{x}}{(\sqrt{x+1} - \sqrt{x}) \cdot (\sqrt{x+1} + \sqrt{x})} = \frac{\sqrt{x+1} + \sqrt{x}}{(\sqrt{x+1})^2 - (\sqrt{x})^2} = \sqrt{x+1} + \sqrt{x}$$

Poichè

$$\lim_{x \to +\infty} \sqrt{x+1} = +\infty \quad e \quad \lim_{x \to +\infty} \sqrt{x} + \infty \quad ,$$

per il Teorema 2.17.4 si ha:

$$\lim_{x \to +\infty} f(x) = +\infty + \infty = +\infty.$$

Esempio 2.7 *Supponiamo che si debba effettuare l'operazione di limite*

$$\lim_{x \to 2} \frac{3 - \sqrt{5x-1}}{x^2 - 4}$$

La funzione su cui si deve operare è:

$$f : y = f(x) = \frac{3 - \sqrt{5x-1}}{x^2 - 4}, x \in A = \{x \in \mathbb{R} : 5x - 1 \geq 0;\ x^2 - 4 \neq 0\} =$$
$$= [\tfrac{1}{5}, 2) \cup (2, +\infty).$$

Si tratta di una funzione quoziente le cui funzioni – mattone sono:

$$f_1 : y = f_1(x) = 3 - \sqrt{5x-1} \quad , x \in A = [\tfrac{1}{5}, 2) \cup (2, +\infty)$$
$$f_2 : y = f_2(x) = x^2 - 4 \quad , x \in A = [\tfrac{1}{5}, 2) \cup (2, +\infty)$$

Poiché entrambe sono infinitesime per $x \to 2$, ci troviamo di fronte al caso di indecidibilità $\tfrac{0}{0}$.

Costruiamo allora una nuova "formula" per rappresentare la legge d'associazione f.

Partendo dalla "formula" data si ha:

$$f(x) = \frac{3 - \sqrt{5x-1}}{x^2 - 4} =$$

moltiplicando numeratore e denominatore per $3 + \sqrt{5x-1}$

$$= \frac{3^2 - (\sqrt{5x-1})^2}{(x^2-4) \cdot (3+\sqrt{5x-1})} = \frac{9-(5x-1)}{(x^2-4) \cdot (3+\sqrt{5x-1})} =$$

$$= \frac{-5 \cdot (x-2)}{(x-2)(x+2) \cdot (3+\sqrt{5x-1})} = \frac{-5}{(x+2) \cdot (3+\sqrt{5x-1})} \qquad (2.36)$$

Anche nella (2.36) la funzione data è espressa come funzione quoziente; le nuove funzioni – mattone sono:

$$f_1^* : y = f_1^*(x) = -5, \qquad x \in A = [\tfrac{1}{5}, 2) \cup (2, +\infty)$$
$$f_2^* : y = f_2^*(x) = (x+2) \cdot (3 + \sqrt{(5x-1)}), \quad x \in A = [\tfrac{1}{5}, 2) \cup (2, +\infty).$$

Poiché

$$\lim_{x \to 2} f_1^*(x) = \lim_{x \to 2}(-5) = -5$$

e

$$\lim_{x \to 2} f_2^*(x) = \lim_{x \to 2} \left[(x+2)(3+\sqrt{5x-1})\right] = 4 \cdot 6 = 24,$$

il Teorema 2.19 ci permette di concludere che il limite è $l = -\tfrac{5}{24}$.

In tutti gli esempi esaminati il procedimento consigliato ha funzionato perché siamo sempre riusciti a rappresentare la legge d'associazione

§2.11 Uso del Teorema dei carabinieri 83

della funzione mediante una "formula" che ci ha permesso di utilizzare qualcuno dei *Teoremi* dal 2.16 al 2.21.
Se non si riesce a trovare una tale "formula" che fare?

Si puó tentare con il *Teorema 2.14 (Teorema dei carabinieri)* oppure con una delle tecniche di cui parleremo nei prossimi paragrafi.

Vediamo come si utilizza nella pratica il *Teorema dei carabinieri*.

2.11 Uso del Teorema dei carabinieri

Nella pratica non abbiamo le tre funzioni di cui parla l'enunciato del teorema, ma una sola: quella su cui si deve operare.

Le due funzioni che mancano: "funzioni – carabiniere" si costruiscono cosí:

- Si prende in esame la "formula" che rappresenta la legge d'associazione della funzione data ed, a partire da essa, minorando e maggiorando si costruiscono altre due "formule": una rappresenta la legge d'associazione di una funzione minorante e l'altra, di una funzione maggiorante.

Cosí facendo abbiamo costruito le "funzioni – carabiniere". Se queste ultime hanno lo stesso limite per $x \to x_0$, allora la funzione in istudio ha quello stesso limite ed il problema è risolto.

Se invece esse hanno limiti differenti o addirittura non hanno limite, l'unica cosa che possiamo dire è che:

- o il limite non esiste

- o le "funzioni – carabiniere" che abbiamo costruito non sono adatte alla missione loro affidata.

Che fare allora?

- o tentare con altre "funzioni – carabiniere"

- o utilizzare qualche altra tecnica.

Sperimentiamo tutto questo su due esempi nei quali non è possibile applicare il procedimento consigliato.

Esempio 2.8 *Supponiamo che si debba effettuare l'operazione di limite:*

$$\lim_{x \to 0} \frac{\sin x}{x}$$

La funzione su cui si deve operare è:

$$f : y = f(x) = \frac{\sin x}{x}, \quad x \in A(-\infty, 0) \cup (0, +\infty) \quad ;$$

poiché si tratta di una funzione pari, per la conclusione 6. del paragrafo 2.6, basta effettuare l'operazione di limite destro:

$$\lim_{x \to 0^+} \frac{\sin x}{x}.$$

Effettuiamola, utilizzando appunto il Teorema dei carabinieri!
Si tratta di costruire due funzioni h e g (funzioni − carabiniere) che verificano le ipotesi del suddetto teorema.
Siccome $\forall x \in (-\infty, +\infty)$ si ha $-1 \le \sin x \le 1$, da cui segue:

$$-\frac{1}{x} \le \frac{\sin x}{x} \le \frac{1}{x} \quad ,$$

la prima idea che viene in mente è di scegliere:

$$h : y = h(x) = -\frac{1}{x}, \quad x \in (0, +\infty)$$
$$g : y = g(x) = \frac{1}{x}, \quad x \in (0, +\infty)$$

Poiché:

$$\lim_{x \to 0^+} h(x) = \lim_{x \to 0^+} \left(-\frac{1}{x}\right) = -\infty$$

e

$$\lim_{x \to 0^+} g(x) = \lim_{x \to 0^+} \frac{1}{x} = +\infty$$

la scelta fatta per h e g non ha risolto il problema.

§2.11 Uso del Teorema dei carabinieri

Proviamo allora con altre due funzioni carabiniere h *e* g *che costruiamo così:*

in $(0, \frac{\pi}{2})$ è : $\sin x < x < \tan x$ e pertanto se dividiamo $\sin x$ rispettivamente per: $\tan x$, x, $\sin x$, otteniamo:

$$\frac{\sin x}{\tan x} < \frac{\sin x}{x} < \frac{\sin x}{\sin x}$$

cioè

$$\cos x < \frac{\sin x}{x} < 1 \quad ;$$

scegliendo allora:

$$h : y = h(x) = \cos x \quad , \quad x \in (0, \tfrac{\pi}{2})$$

e

$$g : y = g(x) = 1 \quad , \quad x \in (0, \tfrac{\pi}{2})$$

si ha:

$$\lim_{x \to 0^+} h(x) = \lim_{x \to 0^+} \cos x = 1$$

e

$$\lim_{x \to 0^+} g(x) = \lim_{x \to 0^+} 1 = 1$$

quindi

$$\lim_{x \to 0^+} f(x) = \lim_{x \to 0^+} \tfrac{\sin x}{x} = 1$$

da cui

$$\lim_{x \to 0} f(x) = \lim_{x \to 0} \frac{\sin x}{x} = 1 \qquad (2.37)$$

La (2.37) è un risultato da ricordare perché ci sarà utile nell'eseguire altre operazioni di limite.
Vediamo quali!

1.
$$\lim_{x \to 0} \frac{\arcsin x}{x}$$

La funzione su cui si deve operare è:

$$f : y = f(x) = \frac{\arcsin x}{x}, \quad x \in [-1,0) \cup (0,1].$$

Si tratta di una funzione pari per cui basta effettuare l'operazione di limite destro:

$$\lim_{x \to 0^+} f(x) = \lim_{x \to 0^+} \frac{\arcsin x}{x}.$$

Se costruiamo la funzione composta $f \circ \varphi$ ove:

$$f : y = f(x) = \frac{\arcsin x}{x}, \quad x \in (0,1]$$
$$\varphi : x = \varphi(t) = \sin t, \quad t \in \left(0, \frac{\pi}{2}\right]$$

si ha

$$f \circ \varphi : y = (f \circ \varphi)(t) = \frac{\arcsin(\sin t)}{\sin t} = \frac{t}{\sin t}, \quad t \in \left(0, \frac{\pi}{2}\right].$$

Poiché $\lim_{t \to 0^+} \varphi(t) = \lim_{t \to 0^+} \sin t = 0$ e 0 è punto d'accumulazione per il dominio di f, per il Teorema 2.21 (utilizzato nel I modo) si ha:

$$\lim_{x \to 0^+} \frac{\arcsin x}{x} = \lim_{t \to 0^+} \frac{t}{\sin t} = \lim_{t \to 0^+} \frac{1}{\frac{\sin t}{t}} =$$

$=$ per il Teorema 2.19 e per la (2.37) $= \frac{1}{1} = 1$
e quindi:

$$\lim_{x \to 0} \frac{\arcsin x}{x} = 1 \tag{2.38}$$

2.

$$\lim_{x \to 0} \frac{\tan x}{x} = \lim_{x \to 0} \frac{\sin x}{x \cdot \cos x} = \lim_{x \to 0} \left(\frac{\sin x}{x} \cdot \frac{1}{\cos x}\right) =$$

$=$ per il Teorema 2.18 e per la (2.37) $= 1 \cdot \frac{1}{1} = 1$
e quindi:

$$\lim_{x \to 0} \frac{\tan x}{x} = 1 \tag{2.39}$$

§2.11 Uso del Teorema dei carabinieri

3.
$$\lim_{x \to 0} \frac{\arctan x}{x}.$$

La funzione su cui si deve operare è:
$$f : y = f(x) = \frac{\arctan x}{x}, \quad x \in (-\infty, 0) \cup (0, +\infty).$$

Si tratta di una funzione pari *per cui* basta effettuare l'operazione di limite destro:
$$\lim_{x \to 0^+} \frac{\arctan x}{x}.$$

Se costruiamo la funzione composta $f \circ \varphi$ ove:
$$f : y = f(x) = \frac{\arctan x}{x} \quad , x \in (0, +\infty)$$
$$\varphi : x = \varphi(t) = \tan t \quad , t \in (0, \frac{\pi}{2})$$

si ha
$$f \circ \varphi : y = (f \circ \varphi)(t) = \frac{\arctan(\tan t)}{\tan t} = \frac{t}{\tan t}, \; t \in (0, \frac{\pi}{2}).$$

Poiché $\lim_{t \to 0^+} \varphi(t) = \lim_{t \to 0^+} \tan t = 0$ *e 0 è punto d'accumulazione per il dominio di* f, *per il Teorema 2.21 (utilizzato nel I modo) si ha:*

$$\lim_{x \to 0^+} \frac{\arctan x}{x} = \lim_{t \to 0^+} \frac{t}{\tan t} = \lim_{t \to 0^+} \frac{1}{\frac{\tan t}{t}} =$$

$= $ *per il* Teorema 2.19 *e per la (2.39)* $= \frac{1}{1} = 1$
e quindi:

$$\lim_{x \to 0} \frac{\arctan x}{x} = 1 \qquad (2.40)$$

4.
$$\lim_{x \to 0} \frac{1 - \cos x}{x^2} = \lim_{x \to 0} \frac{(1 - \cos x)(1 + \cos x)}{x^2 \cdot (1 + \cos x)} = \lim_{x \to 0} \frac{1 - \cos^2 x}{x^2 \cdot (1 + \cos x)} =$$
$$= \lim_{x \to 0} \frac{\sin^2 x}{x^2 \cdot (1 + \cos x)} = \lim_{x \to 0} \left(\frac{\sin x}{x} \cdot \frac{\sin x}{x} \cdot \frac{1}{1 + \cos x} \right) =$$

= per il Teorema 2.18 e per la (2.37) = $1 \cdot 1 \cdot \frac{1}{1+1} = \frac{1}{2}$
e quindi:
$$\lim_{x \to 0} \frac{1-\cos x}{x^2} = \frac{1}{2} \qquad (2.41)$$

Riassumendo possiamo dire:

- servendoci di $\lim_{x \to 0} f(x) = \lim_{x \to 0} \frac{\sin x}{x} = 1$ \hfill (2.37)

abbiamo provato che:

- $\lim_{x \to 0} \frac{\arcsin x}{x} = 1$ \hfill (2.38)

- $\lim_{x \to 0} \frac{\tan x}{x} = 1$ \hfill (2.39)

- $\lim_{x \to 0} \frac{\arctan x}{x} = 1$ \hfill (2.40)

- $\lim_{x \to 0} \frac{1-\cos x}{x^2} = \frac{1}{2}$ \hfill (2.41)

Esempio 2.9 *Supponiamo ora che si debba effettuare l'operazione di limite*
$$\lim_{x \to +\infty} \left(1 + \frac{1}{x}\right)^x. \qquad (2.42)$$
La funzione su cui si deve operare è:
$$F: y = F(x) = \left(1+\frac{1}{x}\right)^x, \ x \in A = \left\{x \in \mathbb{R} : 1+\frac{1}{x} > 0\right\} = (-\infty, -1) \cup (0, +\infty) \qquad (2.43)$$
Si tratta di una funzione la cui legge d'associazione è del tipo
$$F(x) = [f(x)]^{g(x)}$$
ove:
$$f(x) = 1 + \frac{1}{x} \quad e \quad g(x) = x;$$
poiché
$$\lim_{x \to +\infty} f(x) = \lim_{x \to +\infty} \left(1 + \frac{1}{x}\right) = 1 \quad e \quad \lim_{x \to +\infty} g(x) = \lim_{x \to +\infty} x = +\infty$$

§2.11 Uso del Teorema dei carabinieri

dalla conoscenza di tali limiti non possiamo trarre conclusioni circa il risultato dell'operazione (2.42); siamo in presenza del caso di indecidibilità $1^{+\infty}$.

Per effettuare l'operazione (2.42) partiamo allora dal seguente risultato:

$$\lim_{n\to+\infty}\left(1+\frac{1}{n}\right)^n = e = 2.71\ldots \text{(Numero di Nepero)} \qquad (2.44)$$

la cui dimostrazione si trova nel libro "Successioni e serie numeriche", paragrafo 1.9.

Poiché la successione

$$a_n = f(n) = \left(1+\frac{1}{n}\right)^n \quad , n \in \mathbb{N}$$

è una restrizione della (2.43), dalla (2.44) non segue che $\lim_{x\to+\infty}\left(1+\frac{1}{x}\right)^x = e$ [14], tuttavia la (2.44) assicura che, se tale limite esiste, esso vale e.

A questo punto non resterebbe che constatare se il numero e verifica oppure no la definizione (2.2) o (2.2').

La difficoltà tecnica di tale verifica ci sconsiglia di seguire questa via. Proviamo allora con il Teorema dei carabinieri!

Poiché il punto d'accumulazione fissato nell'operazione suddetta è $x_0 = +\infty$, nelle nostre considerazioni ci riferiamo alla restrizione di F di dominio $A_1 = [1,+\infty)$.

Osservando che $\forall x \in \mathbb{R}$ risulta $[x] \leq x < [x]+1$ [15] si ha:

$$\left(1+\frac{1}{[x]+1}\right)^{[x]} < \left(1+\frac{1}{x}\right)^x < \left(1+\frac{1}{[x]}\right)^{[x]+1}$$

---

[14]La (2.44) ci dice che i punti n "vicini" a $+\infty$ hanno le immagini a_n "vicine" ad e. Siccome "vicino" a $+\infty$ ci sono anche punti non interi, non abbiamo informazioni se le loro immagini sono o no "vicine" ad e; ecco perchè

$$\lim_{n\to+\infty}\left(1+\frac{1}{n}\right)^n = e \not\Rightarrow \lim_{x\to+\infty}\left(1+\frac{1}{x}\right)^x = e.$$

[15]Vedere il libro "Funzioni reali di una variabile reale", paragrafo 1.8.

Assumiamo allora come funzioni – carabiniere
$$h : y = h(x) = \left(1 + \frac{1}{[x]+1}\right)^{[x]}, \quad x \in A_1 = [1, +\infty)$$
$$g : y = g(x) = \left(1 + \frac{1}{[x]}\right)^{[x]+1}, \quad x \in A_1 = [1, +\infty)$$

Entrambe sono funzioni composte*:*

- h è funzione composta $h_1 \circ \varphi$ ove:
$$\varphi : n = \varphi(x) = [x] + 1 \qquad x \in A_1$$
$$h_1 : y = h_1(n) = \left(1 + \frac{1}{n}\right)^{n-1} \qquad n \in \varphi(A_1)$$

- g è funzione composta $g_1 \circ \psi$ ove:
$$\psi : n = \psi(x) = [x] \qquad x \in A_1$$
$$g_1 : y = g_1(n) = \left(1 + \frac{1}{n}\right)^{n+1} \qquad n \in \psi(A_1)$$

Operiamo sulla funzione h!
Per il Teorema 2.21 *(utilizzato nel II modo) si ha:*

$$\lim_{x \to +\infty} h(x) = \lim_{x \to +\infty} \left(1 + \frac{1}{[x]+1}\right)^{[x]} = \lim_{n \to +\infty} h_1(n) = \lim_{n \to +\infty} \left(1 + \frac{1}{n}\right)^{n-1} =$$
$$= \lim_{n \to +\infty} \frac{\left(1 + \frac{1}{n}\right)^n}{1 + \frac{1}{n}} = \text{per il Teorema 2.19 e la (2.44)} = \frac{e}{1} = e$$

Operiamo ora sulla funzione g!
Per il Teorema 2.21 *(utilizzato nel II modo) si ha:*

$$\lim_{x \to +\infty} g(x) = \lim_{x \to +\infty} \left(1 + \frac{1}{[x]}\right)^{[x]+1} = \lim_{n \to +\infty} g_1(n) = \lim_{n \to +\infty} \left(1 + \frac{1}{n}\right)^{n+1} =$$
$$= \lim_{n \to +\infty} \left(1 + \frac{1}{n}\right)^n \cdot \left(1 + \frac{1}{n}\right) = \text{per il Teorema 2.18 e la (2.44)} = e \cdot 1 = e$$

Essendo verificate le ipotesi del teorema dei carabinieri, concludiamo che:
$$\lim_{x \to +\infty} \left(1 + \frac{1}{x}\right)^x = e. \tag{2.45}$$

Sfruttiamo la (2.45) per effettuare altre operazioni di limite. Data la lunghezza dell'argomento, apriamo un nuovo paragrafo.

2.12 Conseguenze della (2.45)

Diamo ora alcuni esempi di operazioni di limite che possiamo effettuare utilizzando la (2.45).

Esempio 2.10 *Supponiamo che si debba effettuare l'operazione di limite*

$$\lim_{x \to -\infty} \left(1 + \frac{1}{x}\right)^x.$$

La funzione su cui si propone di operare è la funzione F definita in (2.43) il cui dominio è $A = (-\infty, -1) \cup (0, +\infty)$.

Poiché il punto d'accumulazione fissato nell'operazione suddetta è $x_0 = -\infty$, nelle nostre considerazioni ci riferiamo alla restrizione di F di dominio $A_2 = (-\infty, -2]$.

Ci troviamo qui di fronte al caso di indecidibilità $1^{-\infty}$.

Costruiamo allora la funzione composta $F \circ \varphi$, ove:

$$F : y = F(x) = \left(1 + \frac{1}{x}\right)^x, \ x \in A_2 = (-\infty, -2]$$

e

$$\varphi : x = \varphi(t) = -t - 1, \ t \in [+1, +\infty).$$

Si ha:

$$F \circ \varphi : y = (F \circ \varphi)(t) = \left(1 + \frac{1}{-t-1}\right)^{-t-1} = \left(1 - \frac{1}{t+1}\right)^{-(t+1)} =$$
$$= \left(\frac{t}{t+1}\right)^{-(t+1)} = \left(\frac{t+1}{t}\right)^{t+1} = \left(1 + \frac{1}{t}\right)^{t+1}, \ t \in [+1, +\infty).$$

Poiché $\lim_{t \to +\infty} \varphi(t) = \lim_{t \to +\infty} (-t - 1) = -\infty$ e $-\infty$ è punto d'accumulazione per il dominio di F, per il Teorema 2.21 (usato nel I modo) si ha:

$$\lim_{x \to -\infty} \left(1 + \frac{1}{x}\right)^x = \lim_{t \to +\infty} \left(1 + \frac{1}{t}\right)^{t+1} = \lim_{t \to +\infty} \left[\left(1 + \frac{1}{t}\right)^t \cdot \left(1 + \frac{1}{t}\right)\right] =$$
$$= \text{per il Teorema 2.18 e la (2.45)} = e \cdot 1 = e.$$

Conclusione:

$$\lim_{x \to -\infty} \left(1 + \frac{1}{x}\right)^x = e. \tag{2.46}$$

Esempio 2.11 *Supponiamo che si debbano effettuare le due operazioni di limite:*

$$\lim_{x \to +\infty} \left(1 + \frac{\alpha}{x}\right)^x, \quad con \ \alpha \in \mathbb{R} \qquad (2.47)$$

e

$$\lim_{x \to -\infty} \left(1 + \frac{\alpha}{x}\right)^x, \quad con \ \alpha \in \mathbb{R} \qquad (2.48)$$

La funzione su cui si propone, di operare, nei distinti casi, è:

$$F : y = F(x) = \begin{cases} \left(1 + \frac{\alpha}{x}\right)^x & , x \in (-\infty, -\alpha) \cup (0, +\infty) & \text{se è } \alpha > 0 \\ 1 & , x \in (-\infty, +\infty) & \text{se è } \alpha = 0 \\ \left(1 + \frac{\alpha}{x}\right)^x & , x \in (-\infty, 0) \cup (-\alpha, +\infty) & \text{se è } \alpha < 0 \end{cases}$$

Come si vede, qualunque sia il valore del parametro α, il dominio della funzione ha $-\infty$ e $+\infty$ come punti d'accumulazione, per cui entrambe le operazioni (2.47) e (2.48) hanno senso.

Se è $\alpha = 0$ allora $\lim_{x \to +\infty} F(x) = \lim_{x \to -\infty} F(x) = 1$.

Se è $\alpha = 1$ allora le (2.45) e (2.46) ci dicono che $\lim_{x \to +\infty} F(x) = \lim_{x \to -\infty} F(x) = e$.

Se è $\alpha \neq 0$ e $\neq 1$ siamo in presenza di un caso nuovo.

Occupiamoci delle operazioni (2.47) e (2.48) quando è $\alpha > 0$ e $\neq 1$.

Cominciamo dalla (2.47)!

Poiché il punto d'accumulazione fissato è $x_0 = +\infty$, nelle nostre considerazioni ci serviamo della restrizione di F di dominio $A_1 = (0, +\infty)$.

Ci troviamo di fronte al caso di indecidibilità $1^{+\infty}$.

Costruiamo allora la funzione composta $F \circ \varphi$ ove

$$F : y = F(x) = \left(1 + \frac{\alpha}{x}\right)^x, \ x \in A_1 = (0, +\infty)$$

e

$$\varphi : x = \varphi(t) = \alpha t, \ t \in (0, +\infty).$$

Si ha allora

$$F \circ \varphi : y = (F \circ \varphi)(t) = \left(1 + \frac{\alpha}{\alpha t}\right)^{\alpha t} = \left(1 + \frac{1}{t}\right)^{\alpha t}, \ t \in (0, +\infty).$$

§2.12 Conseguenze della (2.45)

Poiché $\lim_{t\to+\infty}\varphi(t) = \lim_{t\to+\infty}(\alpha t) = +\infty$ *e* $+\infty$ *è punto d'accumulazione per* A_1, *per il Teorema 2.21 (utilizzato nel I modo) si ha:*

$$\lim_{x\to+\infty}\left(1+\frac{\alpha}{x}\right)^x = \lim_{t\to+\infty}\left(1+\frac{1}{t}\right)^{\alpha t} = \lim_{t\to+\infty}\left[\left(1+\frac{1}{t}\right)^t\right]^\alpha =$$
$$= \text{per il Teorema 2.20 e per la (2.45)} = e^\alpha.$$

Conclusione:

$$\lim_{x\to+\infty}\left(1+\frac{\alpha}{x}\right)^x = e^\alpha \quad \text{se è } \alpha > 0, \neq 1. \tag{2.49}$$

Occupiamoci ora della (2.48) sempre nel caso $\alpha > 0, \neq 1$ *!*

Poiché qui il punto d'accumulazione fissato è $x_0 = -\infty$, *nelle nostre considerazioni ci serviamo della restrizione di* f *di dominio* $A_2 = (-\infty, -\alpha)$.

Ci troviamo di fronte al caso di indecidibilità $1^{-\infty}$.

Costruiamo anche qui la funzione composta $F\circ\varphi$ *ove*

$$F: y = F(x) = \left(1+\frac{\alpha}{x}\right)^x, \; x \in A_2 = (-\infty, -\alpha)$$

e

$$\varphi: x = \varphi(t) = \alpha t, \; t \in (-\infty, -1).$$

Si ha allora

$$F\circ\varphi: y = (F\circ\varphi)(t) = \left(1+\frac{\alpha}{\alpha t}\right)^{\alpha t} = \left(1+\frac{1}{t}\right)^{\alpha t}, \quad t \in (-\infty, -1).$$

Poiché $\lim_{t\to-\infty}\varphi(t) = \lim_{t\to-\infty}(\alpha t) = -\infty$ *e* $-\infty$ *è punto d'accumulazione per* A_2, *per il Teorema 2.21 (utilizzato nel I modo) si ha:*

$$\lim_{x\to-\infty}\left(1+\frac{\alpha}{x}\right)^x = \lim_{t\to-\infty}\left(1+\frac{1}{t}\right)^{\alpha t} = \lim_{t\to-\infty}\left[\left(1+\frac{1}{t}\right)^t\right]^\alpha =$$
$$= \text{per il Teorema 2.20 e per la (2.46)} = e^\alpha.$$

Conclusione:

$$\lim_{x\to-\infty}\left(1+\frac{\alpha}{x}\right)^x = e^\alpha \quad \text{se è } \alpha > 0, \neq 1. \tag{2.50}$$

Lasciamo allo Studente il compito di effettuare le operazioni di limite (2.47) e (2.48) nel caso $\alpha < 0$. Seguendo la falsa-riga del nostro ragionamento, se opererà correttamente, arriverà alle stesse conclusioni:

$$\lim_{x \to +\infty} \left(1 + \frac{\alpha}{x}\right)^x = \lim_{x \to -\infty} \left(1 + \frac{\alpha}{x}\right)^x = e^\alpha \quad \text{se è } \alpha < 0 \qquad (2.51)$$

Riassumendo:

- I risultati (2.45), (2.46), (2.49), (2.50), (2.51) possono essere compendiati in

$$\lim_{x \to \pm\infty} \left(1 + \frac{\alpha}{x}\right)^x = e^\alpha \qquad (2.52)$$

Esempio 2.12 *Supponiamo che si debba effettuare l'operazione di limite:*

$$\lim_{x \to 0}(1+x)^{\frac{1}{x}}.$$

La funzione su cui si propone di operare è:

$$f: y = f(x) = (1+x)^{\frac{1}{x}}, x \in A = \{x \in \mathbb{R} : 1+x > 0; x \neq 0\} = (-1, 0) \cup (0, +\infty)$$

Eseguiamo separatamente le due operazioni di limite:

$$\lim_{x \to 0^-} f(x) = \lim_{x \to 0^-} (1+x)^{\frac{1}{x}} \qquad (2.53)$$

e

$$\lim_{x \to 0^+} f(x) = \lim_{x \to 0^+} (1+x)^{\frac{1}{x}} \qquad (2.54)$$

Per quanto riguarda la (2.53) ci troviamo di fronte al caso d'indecidibilità $1^{-\infty}$.

Tenendo presente che l'operazione di limite sinistro in questo caso non è altro che l'operazione di limite effettuata sulla restrizione di f di dominio
$A^- = (-1, 0)$, *costruiamo la funzione composta $f \circ \varphi$ ove:*

$$\begin{aligned} f &: y = f(x) = (1+x)^{\frac{1}{x}}, & x \in A^- = (-1, 0) \\ \varphi &: x = \varphi(t) = \tfrac{1}{t}, & t \in (-\infty, -1). \end{aligned}$$

§2.12 Conseguenze della (2.45)

Si ha allora:

$$f \circ \varphi : y = (f \circ \varphi)(t) = \left(1 + \frac{1}{t}\right)^t, \quad t \in (-\infty, -1).$$

Poiché $\lim_{t \to -\infty} \varphi(t) = \lim_{t \to -\infty} \frac{1}{t} = 0$ *e 0 è punto d'accumulazione per* A^-, *per il Teorema 2.21 (utilizzato nel I modo) si ha:*

$$\lim_{x \to 0^-} f(x) = \lim_{x \to 0^-} (1+x)^{\frac{1}{x}} = \lim_{t \to -\infty} \left(1 + \frac{1}{t}\right)^t = \text{per la (2.45)} = e.$$

Per quanto riguarda la (2.54), ci troviamo di fronte al caso di indecidibilità $1^{+\infty}$.

Ragioniamo come nel caso precedente!

Tenendo cioè presente che l'operazione di limite destro non è altro che l'operazione di limite effettuata sulla restrizione di f di dominio $A^+ = (0, +\infty)$, *costruiamo la funzione composta* $f \circ \varphi$ *ove:*

$$f : y = f(x) = (1+x)^{\frac{1}{x}}, \quad x \in A^+ = (0, +\infty)$$

$$\varphi : x = \varphi(t) = \frac{1}{t}, \quad t \in (0, +\infty).$$

Si ha allora:

$$f \circ \varphi : y = (f \circ \varphi)(t) = \left(1 + \frac{1}{t}\right)^t, \quad t \in (0, +\infty).$$

Poiché $\lim_{t \to +\infty} \varphi(t) = \lim_{t \to +\infty} \frac{1}{t} = 0$ e *0 è punto d'accumulazione per* A^+, *per il Teorema 2.21 (utilizzato nel I modo) si ha:*

$$\lim_{x \to 0^+} f(x) = \lim_{x \to 0^+} (1+x)^{\frac{1}{x}} = \lim_{t \to +\infty} \left(1 + \frac{1}{t}\right)^t = \text{per la (2.46)} = e.$$

Poiché il limite sinistro ed il limite destro sono uguali tra loro, concludiamo che

$$\lim_{x \to 0}(1+x)^{\frac{1}{x}} = e. \tag{2.55}$$

Esempio 2.13 *Supponiamo che si debba effettuare l'operazione di limite*

$$\lim_{x \to 0} \frac{\log(1+x)}{x}.$$

La funzione su cui si propone di operare è

$$f: y = f(x) = \frac{\log(1+x)}{x}, x \in A = \{x \in \mathbb{R} : 1+x > 0; x \neq 0\} = (-1, 0) \cup (0, +\infty)$$

Ci troviamo di fronte al caso di indedicibilità $\frac{0}{0}$.
Tenendo presenti le proprietà dei logaritmi, si ha:

$$f : y = f(x) = \frac{\log(1+x)}{x} = \frac{1}{x} \cdot \log(1+x) = \log(1+x)^{\frac{1}{x}}$$

Se riguardiamo la funzione data come funzione composta $\varphi_2 \circ \varphi_1$ delle due funzioni:

$$\begin{aligned}\varphi_1 : u = \varphi_1(x) = (1+x)^{\frac{1}{x}}, & \quad x \in A = (-1, 0) \cup (0, +\infty) \\ \varphi_2 : y = \varphi_2(u) = \log u, & \quad x \in \varphi_1(A) \quad ,\end{aligned}$$

poiché $\lim_{x \to 0} \varphi_1(x) = \lim_{x \to 0} (1+x)^{\frac{1}{x}} =$ *per la (2.55)* $= e$ *ed e è punto d'accumulazione per $\varphi_1(A)$, applicando il solito Teorema 2.21 (utilizzato nel II modo), si ha:*

$$\lim_{x \to 0} \frac{\log(1+x)}{x} = \lim_{u \to e} \varphi_2(u) = \lim_{u \to e} \log u = 1$$

Conclusione:

$$\lim_{x \to 0} \frac{\log(1+x)}{x} = 1 \qquad (2.56)$$

Esempio 2.14 *Supponiamo che si debba effettuare l'operazione di limite*

$$\lim_{x \to 0} \frac{e^x - 1}{x}.$$

§2.12 Conseguenze della (2.45)

La funzione su cui si propone di operare è:

$$f : y = f(x) = \frac{e^x - 1}{x} \quad , x \in A = (-\infty, 0) \cup (0, +\infty)$$

Ci troviamo di fronte al caso di indecidibilità $\dfrac{0}{0}$.

Se costruiamo la funzione composta $f \circ \varphi$ ove:

$$\varphi : x = \varphi(t) = \log(t + 1), \ t \in (-1, 0) \cup (0, +\infty)$$

si ha:

$$f \circ \varphi : y = (f \circ \varphi)(t) = \frac{e^{\log(t+1)} - 1}{\log(t + 1)} = \frac{t}{\log(t + 1)}, \quad t \in (-1, 0) \cup (0, +\infty).$$

Poiché $\lim\limits_{t \to 0} \varphi(t) = \lim\limits_{t \to 0} \log(1+t) = 0$ *e 0 è punto d'accumulazione per A, applicando il* Teorema 2.21 *(utilizzato nel I modo) si ha:*

$$\lim_{x \to 0} \frac{e^x - 1}{x} = \lim_{t \to 0} \frac{t}{\log(t+1)} = \lim_{t \to 0} \frac{1}{\frac{\log(t+1)}{t}} =$$

$$= \text{per il Teorema 2.20 e per la (2.56)} = \frac{1}{1} = 1.$$

Conclusione:

$$\lim_{x \to 0} \frac{e^x - 1}{x} = 1 \tag{2.57}$$

Riassumendo possiamo dire:

− servendoci di $\lim\limits_{x \to +\infty} \left(1 + \frac{1}{x}\right)^x = e.$ (2.45)

abbiamo provato che:

− $\lim\limits_{x \to \pm\infty} \left(1 + \frac{\alpha}{x}\right)^x = e^\alpha$ (con $\alpha \in \mathbb{R}$) (2.52)

− $\lim\limits_{x \to 0}(1 + x)^{\frac{1}{x}} = e$ (2.55)

− $\lim\limits_{x \to 0} \frac{\log(1+x)}{x} = 1$ (2.56)

$$-\lim_{x\to 0}\frac{e^x-1}{x}=1 \qquad (2.57)$$

A questo punto è naturale chiedersi:

- Le operazioni di limite, che abbiamo eseguito in questo paragrafo e in quello precedente, hanno qualche altra finalità oltre a quella di farci acquisire una certa abilità nell'uso dei teoremi sui limiti?

Se lo Studente riflette sul procedimento che abbiamo consigliato per effettuare le operazioni di limite, può intuire la risposta.

Comunque precisiamo come stanno le cose!

2.13 Considerazioni conclusive

Nel paragrafo 2.10 abbiamo elaborato un procedimento per effettuare le operazioni di limite ed abbiamo osservato che tale procedimento "si blocca" in due situazioni:

1. quando non si riesce ad effettuare l'operazione di limite su qualche *funzione – mattone*

2. quando, pur conoscendo i limiti di tutte le *funzioni – mattone*, da essi non si può dedurre il limite della funzione in esame perché di nessuno dei teoremi dal 2.15 al 2.21 sono verificate le ipotesi.

In entrambe le situazioni si è in presenza di uno dei sette *casi di indecidibilità* ed allora abbiamo consigliato di rappresentare la legge d'associazione della funzione per mezzo di un'altra "formula".

Cosí facendo la funzione risulta costruita a partire da altre *funzioni – mattone*.

Se vogliamo scongiurare il pericolo che il procedimento "si blocchi" di nuovo per il presentarsi della situazione 1., occorre che delle nuove *funzioni – mattone* si conosca il limite.

Da qui la necessità di costruire un archivio di funzioni di cui si conoscano i limiti dal quale prelevare le *funzioni – mattone* di cui avremo di volta in volta bisogno.

§2.14 *Un criterio qualitativo di confronto tra infinitesimi*

Finora nel nostro archivio vi sono le funzioni elementari elencate nel paragrafo 2.9 e le funzioni degli esempi trattati nei paragrafi 2.11 e 2.12.

Andando avanti lo arricchiremo!

In ogni caso ricordiamo che effettuare un'operazione di limite resta comunque un problema difficile perché, come abbiamo detto a suo tempo, non vi sono "ricette" da suggerire per trovare una "formula" con cui rappresentare la legge d'associazione della funzione in istudio, diversa da quella mediante la quale essa è stata assegnata inizialmente.

Supposto poi di essere riusciti trovare un'altra "formula" esiste sempre il pericolo che si presenti la situazione 2. Per convincerci ulteriormente della difficoltà che si può incontrare nel ricercare una "formula" diversa da quella mediante la quale è stata assegnata inizialmente la legge d'associazione della funzione in istudio, basta pensare al seguente esempio:
$$\lim_{x \to 0} \frac{\sqrt{1+\arcsin x}-1}{e^{\arctan x}-1}.$$

Andiamo allora a preparare altre due tecniche di calcolo dei limiti, note con il nome di:

– *principio di sostituzione degli infinitesimi*

– *principio di sostituzione degli infiniti*

Vediamo di che si tratta, cominciando dagli infinitesimi!

2.14 Un criterio qualitativo di confronto tra infinitesimi

All'inizio del paragrafo 2.8 abbiamo dato la definizione di infinitesimo.

Ripetiamola!

Data una funzione f di dominio A, sia x_0 un punto di accumulazione per A.

**Si dice che f è un *infinitesimo* (o che è *infinitesima*)
per $x \to x_0$ se**
$$\lim_{x \to x_0} f(x) = 0$$

Una condizione necessaria e sufficiente affinché una funzione f sia un infinitesimo per $x \to x_0$ è fornita dal seguente teorema.

Teorema 2.22 *Data una funzione f di dominio A, sia x_0 un punto d'accumulazione per A.*

Condizione necessaria e sufficiente affinché f sia un infinitesimo per $x \to x_0$ è che lo sia anche la funzione $|f|$. In simboli:

$$\lim_{x \to x_0} f(x) = 0 \Leftrightarrow \lim_{x \to x_0} |f(x)| = 0$$

Dimostrazione
Per dimostrare *la necessità* basta applicare il *Teorema 2.15*. Per dimostrare *la sufficienza* basta invece tener presente che:

$$\forall x \in A \quad \text{si ha} \quad -|f(x)| \leq f(x) \leq |f(x)|$$

ed applicare il *teorema dei carabinieri*.
c.v.d.

In virtù di tale teorema, nelle nostre considerazioni future, per dire che f è un infinitesimo per $x \to x_0$ scriveremo indifferentemente

$$\lim_{x \to x_0} f(x) = 0 \quad \text{oppure} \quad \lim_{x \to x_0} |f(x)| = 0.$$

Date due funzioni f e g aventi lo stesso dominio A sia x_0 un punto di accumulazione per A. Se entrambe le funzioni sono *infinitesime* per $x \to x_0$, è in generale differente la "rapidità" con cui si "avvicinano" allo zero le immagini $f(x)$ e $g(x)$ quando $x \to x_0$.

Un esempio di ciò è costituito dalle funzioni:

$$f : y = f(x) = \tfrac{1}{x^2} \quad , x \in A = (0, +\infty)$$

$$g : y = g(x) = \tfrac{1}{x} \quad , x \in A = (0, +\infty)$$

§2.14 Un criterio qualitativo di confronto tra infinitesimi

quando $x \to +\infty$.

Vogliamo costruire un *criterio di confronto* tra tali "rapidità".

Un criterio che risponde bene alle esigenze della nostra intuizione può essere costruito cosí:

Date due funzioni f e g entrambe infinitesime per $x \to x_0$, se esiste un intorno $I(x_0, \delta)$ del punto x_0 tale che $\forall x \in (I(x_0, \delta) - \{x_0\}) \cap A$ risulti $g(x) \neq 0$, possiamo considerare la funzione quoziente:

$$F : u = F(x) = \frac{f(x)}{g(x)} \quad , x \in (I(x_0, \delta) - \{x_0\}) \cap A$$

ed effettuare su di essa l'operazione di limite:

$$\lim_{x \to x_0} F(x) = \lim_{x \to x_0} \frac{f(x)}{g(x)}$$

Sappiamo che a-priori nulla si può dire circa il risultato di tale operazione perché ci troviamo di fronte al caso di indecidibilità $\frac{0}{0}$ e quindi può verificarsi uno qualunque dei seguenti casi:

$$\lim_{x \to x_0} F(x) = \lim_{x \to x_0} \frac{f(x)}{g(x)} = \begin{cases} \text{esiste} \begin{cases} = 0 \\ = l \in \mathbb{R} - \{0\} \\ = \pm\infty \end{cases} \\ \text{non esiste} \end{cases}$$

Poiché per $x \to x_0$ la funzione f vuol far diventare la funzione $\frac{f}{g}$ *un infinitesimo* mentre la funzione g la vuol far diventare *un infinito*; se il limite risulterà essere zero, vorrà dire che "ha vinto" la funzione f; se risulterà essere $\pm\infty$, che "ha vinto" la funzione g; se risulterà invece essere un numero $l \neq 0$, vorrà dire che non "ha vinto" nessuna delle due, ecc ...

Queste considerazioni di carattere intuitivo ci portano alle seguenti definizioni:

–**Date due funzioni** f **e** g ***infinitesime*** **per** $x \to x_0$, si dice che f è un *infinitesimo di ordine superiore rispetto a g* se:

$$\lim_{x \to x_0} \frac{f(x)}{g(x)} = 0 \qquad (2.58)$$

–Date due funzioni f e g *infinitesime* per $x \to x_0$, si dice che f è un *infinitesimo di ordine inferiore rispetto a g* se:

$$\lim_{x \to x_0} \frac{f(x)}{g(x)} = \pm\infty \qquad (2.59)$$

–Date due funzioni f e g *infinitesime* per $x \to x_0$, si dice che f e g sono *due infinitesimi dello stesso ordine* se:

$$\lim_{x \to x_0} \frac{f(x)}{g(x)} = l \in \mathbb{R} - \{0\} \qquad (2.60)$$

ed in particolare se è $l = 1$, di dice che f e g sono *due infinitesimi equivalenti* per $x \to x_0$.

–Date due funzioni f e g *infinitesime* per $x \to x_0$, si dice che f e g sono *due infinitesimi non confrontabili* se:

$$\nexists \lim_{x \to x_0} \frac{f(x)}{g(x)} \qquad (2.61)$$

Il criterio di confronto che abbiamo elaborato è di tipo qualitativo.

Diciamo subito che non è l'unico criterio (qualitativo) di confronto possibile.

Se ad esempio invece di confrontare la "rapidità" con cui si avvicinano a zero (per $x \to x_0$) $f(x)$ e $g(x)$ secondo l'esito dell'operazione di limite: $\lim_{x \to x_0} \frac{f(x)}{g(x)}$, le confrontiamo secondo l'esito di quest'altra operazione di limite: $\lim_{x \to x_0} \frac{|f(x)|}{|g(x)|}$ otteniamo un altro criterio qualitativo di confronto.

§2.14 Un criterio qualitativo di confronto tra infinitesimi

Poiché se esiste $\lim_{x\to x_0} \frac{f(x)}{g(x)}$ esiste anche $\lim_{x\to x_0} \frac{|f(x)|}{|g(x)|}$ e non viceversa, diciamo subito che quest'ultimo è più generale di quello che abbiamo elaborato noi, nel senso che più funzioni infinitesime sono confrontabili secondo tale criterio.

Non vogliamo qui dilungarci a passare in rassegna i criteri qualitativi di confronto esistenti. Nel seguito utilizzeremo solo quello che abbiamo qui elaborato e più tardi, a partire da esso, ne costruiremo uno quantitativo.

Introduciamo intanto i due simboli:

o (si legge "o piccolo")

$\sim$ (si legge "equivalente")

molto usati per esprimere in modo sintetico le seguenti situazioni:

- Date due funzioni f e g infinitesime per $x \to x_0$, per esprimere che f è un *infinitesimo di ordine superiore rispetto a g*, cioè che è verificata la (2.58), si suol scrivere:

$$f = o(g)$$

e si legge: f è un "o piccolo" di g.

- Date due funzioni f e g infinitesime per $x \to x_0$, per esprimere che f e g sono due *infinitesimi equivalenti*, cioè che è verificata la (2.60) con $l = 1$, si suol scrivere:

$$f \sim g$$

e si legge: f è un infinitesimo equivalente a g per $x \to x_0$ [16].

Segnaliamo ora quattro proprietà degli infinitesimi su cui poggiano molte delle nostre considerazioni future.

---

[16] Se f e g sono infinitesimi dello stesso ordine per $x \to x_0$ ma non sono equivalenti, è facile convincersi che f e $l \cdot g$ lo sono.

2.15 Proprietà degli infinitesimi

Enunciamo ora quattro teoremi che esprimono altrettante proprietà degli infinitesimi.

Teorema 2.23 *Se f è un infinitesimo per $x \to x_0$, $|f|^\alpha$ (con $\alpha > 0$) lo è pure e quest'ultimo risulta essere* un infinitesimo di ordine superiore rispetto a f se è $\alpha > 1$, di ordine inferiore se è $\alpha < 1$.

Dimostrazione
È evidente.

Teorema 2.24 *Date tre funzioni f, g e h infinitesime per $x \to x_0$, se f è un* infinitesimo di un ordine superiore rispetto a g e g *lo è a sua volta rispetto ad h, allora f è un* infinitesimo di un ordine superiore rispetto a h.

Dimostrazione
Basta osservare che:

$$\lim_{x \to x_0} \frac{f(x)}{h(x)} = \lim_{x \to x_0} \left(\frac{f(x)}{g(x)} \cdot \frac{g(x)}{h(x)} \right) = 0 \cdot 0 = 0$$

c.v.d.

Teorema 2.25 *Date tre funzioni f, g, h infinitesime per $x \to x_0$, se f è un* infinitesimo dello stesso ordine *di g e g è a sua volta un* infinitesimo dello stesso ordine *di h, allora f è un* infinitesimo dello stesso ordine di h.

Dimostrazione Per ipotesi:

$$\lim_{x \to x_0} \frac{f(x)}{g(x)} = l \in \mathbb{R} - \{0\}$$

e

$$\lim_{x \to x_0} \frac{g(x)}{h(x)} = l' \in \mathbb{R} - \{0\}$$

da cui

$$\lim_{x \to x_0} \frac{f(x)}{h(x)} = \lim_{x \to x_0} \left(\frac{f(x)}{g(x)} \cdot \frac{g(x)}{h(x)} \right) = l \cdot l' \neq 0$$

c.v.d.

§2.15 Proprietà degli infinitesimi

Teorema 2.26 *Date due funzioni f e g sia A il loro dominio e x_0 un punto d'accumulazione per esso. Se:*

1. $\forall x \in A \quad \text{si ha} \quad g(x) \neq 0$

2. *f e g sono* infinitesimi dello stesso ordine *per $x \to x_0$, cioè*

$$\lim_{x \to x_0} \frac{f(x)}{g(x)} = l \in \mathbb{R} - \{0\}$$

allora:
$$\forall x \in A \quad \text{si ha} \quad f(x) = l \cdot g(x) + \omega(x) \cdot g(x) \tag{2.62}$$

essendo $\omega(x)$ una funzione infinitesima per $x \to x_0$.

Dimostrazione
L'ipotesi $\lim\limits_{x \to x_0} \frac{f(x)}{g(x)} = l$ può essere scritta cosí : $\lim\limits_{x \to x_0} \left(\frac{f(x)}{g(x)} - l\right) = 0$ e quest'ultima scrittura ci dice che la funzione

$$\omega : y = \omega(x) = \frac{f(x)}{g(x)} - l \quad , x \in A$$

è una funzione infinitesima per $x \to x_0$.
Esprimendo f per mezzo di ω, segue la tesi.

c.v.d.

La tesi di tale teorema ci dice che la funzione infinitesima f può essere espressa come *somma* di due funzioni infinitesime: $l \cdot g$ e $\omega \cdot g$.

La prima di esse è un *infinitesimo equivalente* a f, cioè $f \sim l \cdot g$ mentre la seconda è un *infinitesimo di ordine superiore* rispetto a f. Il termine $l \cdot g$ si chiama *parte principale* dell'infinitesimo f.

Vediamo come le definizioni date ci sono utili nella pratica, cominciando con lo stabilire un primo risultato noto come *principio di cancellazione degli infinitesimi*.

2.16 Principio di cancellazione degli infinitesimi

Siano f_1, f_2, g_1, g_2 quattro funzioni di dominio A e sia x_0 un punto d'accumulazione per A.

Supponiamo che le quattro funzioni siano infinitesime per $x \to x_0$ ed inoltre che sia f_2 infinitesima di ordine superiore rispetto a f_1 e g_2 rispetto g_1.

Se qualunque sia $x \in A$ risulta $g_1(x) + g_2(x) \neq 0$, possiamo costruire la funzione quoziente:

$$F : y = F(x) = \frac{f_1(x) + f_2(x)}{g_1(x) + g_2(x)} \quad , x \in A. \tag{2.63}$$

Se facciamo l'operazione di limite:

$$\lim_{x \to x_0} F(x) = \lim_{x \to x_0} \frac{f_1(x) + f_2(x)}{g_1(x) + g_2(x)} \tag{2.64}$$

ci troviamo di fronte al *caso di indecidibilitá* $\frac{0}{0}$.

Se esiste un intorno $I(x_0, \delta)$ del punto x_0 tale che $\forall x \in (I(x_0, \delta) - \{x_0\}) \cap A$ risultino $f_1(x) \neq 0$ e $g_1(x) \neq 0$, la legge d'associazione della *restrizione* della (2.63) di dominio $(I(x_0, \delta) - \{x_0\}) \cap A$ può essere rappresentata dalla "formula":

$$F(x) = \frac{f_1(x) \cdot \left[1 + \frac{f_2(x)}{f_1(x)}\right]}{g_1(x) \cdot \left[1 + \frac{g_2(x)}{g_1(x)}\right]} = \frac{f_1(x)}{g_1(x)} \cdot \frac{1 + \frac{f_2(x)}{f_1(x)}}{1 + \frac{g_2(x)}{g_1(x)}} \tag{2.65}$$

Poiché

$$\lim_{x \to x_0} \frac{1 + \frac{f_2(x)}{f_1(x)}}{1 + \frac{g_2(x)}{g_1(x)}} = 1 \quad ,$$

se utilizziamo la (2.65) per effettuare l'operazione di limite (2.64) si ha:

$$\lim_{x \to x_0} F(x) = \lim_{x \to x_0} \frac{f_1(x) + f_2(x)}{g_1(x) + g_2(x)} = \lim_{x \to x_0} \frac{f_1(x)}{g_1(x)}. \tag{2.66}$$

La (2.66) permette di concludere:

§2.16 Principio di cancellazione degli infinitesimi

– Quando si deve effettuare l'operazione di limite per $x \to x_0$ sul *quoziente* di due funzioni infinitesime, se le funzioni che compaiono al numeratore ed al denominatore sono a loro volta *somme di due funzioni infinitesime*, si può cancellare al numeratore ed al denominatore il termine che è infinitesimo di ordine superiore rispetto al termine che si conserva.

La conclusione a cui siamo giunti va sotto il nome di *principio di cancellazione degli infinitesimi*.

Osserviamo che il principio di cancellazione degli infinitesimi non risolve il problema di come effettuare l'operazione di limite, però ci dà una mano in quanto ci consente di operare, anziché sulla funzione assegnata (2.63), sulla funzione:

$$F_1 : y = F_1(x) = \frac{f_1(x)}{g_1(x)} \quad , x \in (I(x_0, \delta) - \{x_0\}) \cap A$$

la cui legge d'associazione F_1 è rappresentata da una "formula" più semplice.

A questo punto è naturale chiedersi:

– Se dobbiamo effettuare l'operazione di limite su una funzione *quoziente*, in cui il *numeratore* ed il *denominatore* sono somme di *più di due* infinitesimi, è ancora lecito utilizzare il *principio di cancellazione degli infinitesimi*?

È facile intuire che la risposta è affermativa. Possiamo infatti, applicando le proprietà *associativa* e *commutativa* della somma, ridurci al caso trattato.

Spieghiamoci con un esempio!

Supponiamo di dover effettuare l'operazione di limite:

$$\lim_{x \to x_0} \frac{f_1(x) + f_2(x) + f_3(x)}{g_1(x) + g_2(x) + g_3(x) + g_4(x)}$$

ove tutti i termini che compaiono al numeratore e al denominatore sono infinitesimi per $x \to x_0$. Per quanto riguarda il *numeratore* si procede così:

1. Si raggruppano i termini come in tabella

$$\begin{array}{ll} f_1 & f_2 + f_3 \\ f_2 & f_1 + f_3 \\ f_3 & f_1 + f_2 \end{array}$$

2. si confronta f_1 con $f_2 + f_3$ e dei due si scarta quello che è infinitesimo di ordine superiore

    - Se l'infinitesimo di ordine superiore è $f_2 + f_3$, esso viene scartato e quindi al numeratore resta solo f_1; per quanto riguarda il numeratore quindi, il processo di cancellazione è terminato perché abbiamo raggiunto la massima semplificazione possibile.

    - Se invece l'infinitesimo di ordine superiore è f_1, esso viene scartato e quindi al numeratore resta $f_2 + f_3$, dopo di che si procede al confronto tra f_2 e f_3 cioè si applica il *principio di cancellazione* cosí come lo abbiamo enunciato.

    - Se infine f_1 e $f_2 + f_3$ sono infinitesimi dello stesso ordine, non potendo scartare nessuno dei due, si passa a confrontare f_2 con $f_1 + f_3$ e cosí via.

Per quanto riguarda il *denominatore*, si procede allo stesso modo. Concludendo:

- Per poter effettuare la *cancellazione*, sia al numeratore che al denominatore, si deve *confrontare* ciascun termine che vi compare con la somma di tutti gli altri.

A partire dalla (2.62) e dal *principio di cancellazione* andiamo ora a mettere a punto il *principio di sostituzione degli infinitesimi* che abbiamo preannunciato alla fine del paragrafo 2.13.

Per rendere però quest'ultimo il piú operativo possibile, è necessario dire due parole su un criterio quantitativo di confronto tra infinitesimi.

2.17 Un criterio quantitativo di confronto tra infinitesimi: ordine d'infinitesimo

Date due funzioni f e g infinitesime per $x \to x_0$, nel paragrafo 2.14 abbiamo elaborato un criterio qualitativo di confronto tra le "rapidità" con cui si avvicinano allo zero $f(x)$ e $g(x)$ quando $x \to x_0$.

Nel caso che f sia un infinitesimo di ordine superiore (o inferiore) rispetto a g, vogliamo costruire un criterio quantitativo di confronto tra queste "rapidità".

Tale criterio ci dovrà fornire un numero come "misura" della "rapidità" con cui si avvicina a zero $f(x)$ quando $x \to x_0$, prendendo appunto come unità di misura la "rapidità" con cui vi si avvicina $g(x)$.

Il *Teorema 2.23* ci suggerisce la via da seguire!

Poiché se g è un infinitesimo per $x \to x_0$, $|g|^\alpha$ con $\alpha > 0$ lo è pure, ci poniamo il problema di vedere se è possibile trovare un numero $\overline{\alpha} > 0$ tale che le funzioni f e $|g|^{\overline{\alpha}}$ siano infinitesime dello stesso ordine per $x \to x_0$.

Se un tale numero $\overline{\alpha} > 0$ esiste, si dice che f è un *infinitesimo di ordine $\overline{\alpha}$* rispetto a g per $x \to x_0$.

La funzione g si chiama *infinitesimo campione* per $x \to x_0$.

Nel seguito assumeremo, una volta per tutte, come *infinitesimi campioni* per $x \to x_0$, e li denoteremo entrambi con la lettera φ, le due funzioni seguenti:

$$\varphi : y = \varphi(x) = |x - x_0| \quad , x \in A = (-\infty, +\infty) \quad \text{se } x_0 \in \mathbb{R}$$

e

$$\varphi : y = \varphi(x) = \frac{1}{|x|} \quad , x \in A = (-\infty, 0) \cup (0, +\infty) \quad \text{se } x_0 = \pm\infty$$

e pertanto il nostro criterio di confronto quantitativo fra due infinitesimi, nei due casi ci porta alle seguenti definizioni:

> **Diremo che f è un infinitesimo di ordine $\overline{\alpha}$ per $x \to x_o \in \mathbb{R}$ se** $\lim_{x \to x_0} \frac{f(x)}{|x-x_0|^{\overline{\alpha}}} = l \in \mathbb{R} - \{0\}$.

Diremo che f è un infinitesimo di ordine $\overline{\alpha}$ per $x \to \pm\infty$ se $\lim\limits_{x \to \pm\infty} \dfrac{f(x)}{\frac{1}{|x|^{\overline{\alpha}}}} = \lim\limits_{x \to \pm\infty} \left(|x|^{\overline{\alpha}} \cdot f(x)\right) = l \in \mathbb{R} - \{0\}.$

Se un tale numero $\overline{\alpha}$ non esiste, che significa?

Significa che l'*infinitesimo* f e l'*infinitesimo campione* φ non *sono confrontabili* secondo il criterio di confronto quantitativo che abbiamo fissato.

Che una situazione del genere possa effettivamente verificarsi ce lo mostra il seguente esempio.

Esempio 2.15

$$f : y = f(x) = e^{-x} \quad, x \in (-\infty, +\infty) \quad e \quad x_0 = +\infty.$$

Dimostreremo infatti nel libro "Derivabilità, diagrammi e formula di Taylor" che:

$$\forall \alpha > 0 \; risulta \quad \lim_{f(x) \to +\infty} \frac{f(x)}{\frac{1}{|x|^{\alpha}}} = \lim_{x \to +\infty} \frac{x^{\alpha}}{e^x} = 0$$

Andiamo finalmente a parlare del *principio di sostituzione degli infinitesimi*!

2.18 Principio di sostituzione degli infinitesimi

Se dobbiamo effettuare l'operazione di limite

$$\lim_{x \to x_0} \frac{f(x)}{g(x)} \quad \text{con } x_0 \in \widetilde{\mathbb{R}} \tag{2.67}$$

e sia f che g sono infinitesimi per $x \to x_0$, ci troviamo di fronte al caso di indecidibilità $\frac{0}{0}$.

Supponiamo che f sia un infinitesimo di ordine α_1 rispetto a φ e g un infinitesimo di ordine α_2 rispetto allo stesso φ, cioè supponiamo che:

$$\lim_{x \to x_0} \frac{f(x)}{[\varphi(x)]^{\alpha_1}} = l_1 \in \mathbb{R} - \{0\}$$

§2.18 Principio di sostituzione degli infinitesimi

e
$$\lim_{x \to x_0} \frac{g(x)}{[\varphi(x)]^{\alpha_2}} = l_2 \in \mathbb{R} - \{0\}.$$

Per la (2.62) possiamo scrivere nei due casi:

$$f(x) = l_1 \cdot [\varphi(x)]^{\alpha_1} + \omega_1(x)[\varphi(x)]^{\alpha_1} \tag{2.68}$$

e

$$g(x) = l_2 \cdot [\varphi(x)]^{\alpha_2} + \omega_2(x)[\varphi(x)]^{\alpha_2} \tag{2.69}$$

Sostituendo nella (2.67) le (2.68) e (2.69) si ha:

$$\lim_{x \to x_0} \frac{f(x)}{g(x)} = \lim_{x \to x_0} \frac{l_1 \cdot [\varphi(x)]^{\alpha_1} + \omega_1(x)[\varphi(x)]^{\alpha_1}}{l_2 \cdot [\varphi(x)]^{\alpha_2} + \omega_2(x)[\varphi(x)]^{\alpha_2}} =$$

$$= \text{ per il principio di cancellazione } =$$

$$= \lim_{x \to x_0} \frac{l_1 \cdot [\varphi(x)]^{\alpha_1}}{l_2 \cdot [\varphi(x)]^{\alpha_2}} = \frac{l_1}{l_2} \cdot \lim_{x \to x_0} \frac{[\varphi(x)]^{\alpha_1}}{[\varphi(x)]^{\alpha_2}} =$$

$$= \begin{cases} \frac{l_1}{l_2} \cdot 1 = \frac{l_1}{l_2} & \text{se è } \alpha_1 = \alpha_2 \\ \frac{l_1}{l_2} \cdot 0 = 0 & \text{se è } \alpha_1 > \alpha_2 \\ \frac{l_1}{l_2} \cdot (+\infty) = \pm\infty & \text{se è } \alpha_1 < \alpha_2 \end{cases}$$

e quindi il problema è risolto.

Ciò che abbiamo fatto è stato questo:

– Abbiamo sostituito gli infinitesimi f e g con i due infinitesimi ad essi equivalenti (le loro parti principali): $l_1 \cdot [\varphi(x)]^{\alpha_1}$ e $l_2 \cdot [\varphi(x)]^{\alpha_2}$; da qui il nome di principio di *principio di sostituzione degli infinitesimi*.

Per mettere lo Studente in condizione di fare gli esercizi che proporremo, vogliamo occuparci ancora per un poco degli infinitesimi equivalenti e mostrarne il loro corretto uso nel principio di sostituzione.

2.19 Infinitesimi equivalenti e loro uso nel principio di sostituzione

Nel paragrafo 2.11 abbiamo dimostrato che
$$\lim_{x \to 0} \frac{\sin x}{x} = 1 \qquad (2.37).$$
Poiché sia il *numeratore* che il *denominatore* sono *infinitesimi* per $x \to 0$, concludiamo, alla luce delle definizioni date, che essi sono *infinitesimi dello stesso ordine* ed addirittura *equivalenti*.

Lo stesso discorso vale per gli infinitesimi che compaiono al *numeratore* e al *denominatore* delle *funzioni quoziente* su cui è stata effettuata l'operazione di limite per $x \to 0$ nei paragrafi 2.11 e 2.12.

Per comodità dello Studente raduniamo in un'unica tabella i risultati di tali operazioni:

- $\lim_{x \to 0} \frac{\arcsin x}{x} = 1$ \hfill (2.38)

- $\lim_{x \to 0} \frac{\tan x}{x} = 1$ \hfill (2.39)

- $\lim_{x \to 0} \frac{\arctan x}{x} = 1$ \hfill (2.40)

- $\lim_{x \to 0} \frac{1-\cos x}{x^2} = \frac{1}{2}$ \hfill (2.41)

- $\lim_{x \to 0} \frac{\log(1+x)}{x} = 1$ \hfill (2.42)

- $\lim_{x \to 0} \frac{e^x - 1}{x} = 1$ \hfill (2.57)

Tra gli infinitesimi dello stesso ordine per $x \to 0$, annoveriamo anche il numeratore ed il denominatore della seguente funzione quoziente

$$f : y = f(x) = \frac{(1+x)^\alpha - 1}{x} \quad , x \in A = (-1, 0) \cup (0, +\infty), \text{con } \alpha \in \mathbb{R}$$

perché come dimostreremo nel libro "Derivabilità, diagrammi e formula di Taylor", si ha

$$\lim_{x \to 0} \frac{(1+x)^\alpha - 1}{x} = \alpha. \qquad (2.70)$$

§2.19 Infinitesimi equivalenti e loro uso nel principio di sostituzione

Per la (2.62) possiamo allora scrivere:

$$
\begin{aligned}
\sin x &= 1 \cdot x + \omega(x) \cdot x \\
\arcsin x &= 1 \cdot x + \omega(x) \cdot x \\
\tan x &= 1 \cdot x + \omega(x) \cdot x \\
\arctan x &= 1 \cdot x + \omega(x) \cdot x \\
1 - \cos x &= \tfrac{1}{2} \cdot x^2 + \omega(x) \cdot x^2 \\
\log(1+x) &= 1 \cdot x + \omega(x) \cdot x \\
e^x - 1 &= 1 \cdot x + \omega(x) \cdot x \\
(1+x)^\alpha - 1 &= \alpha \cdot x + \omega(x) \cdot x
\end{aligned}
$$

Tenendo presente la dimostrazione del *Teorema 2.26*, si capisce che la funzione ω è differente da un'uguaglianza all'altra.

Dei due termini che compaiono al secondo membro di ciascuna uguaglianza:

- il primo è un *infinitesimo* (per $x \to 0$) *equivalente*[17] all'infinitesimo che compare al primo membro.

- il secondo è un *infinitesimo* (per $x \to 0$) *di ordine superiore* rispetto al primo, e quindi, per il *Teorema 2.24*, è un infinitesimo di ordine superiore rispetto a quello che compare al primo membro.

Per il *principio di sostituzione degli infinitesimi*, tutte le volte che dobbiamo effettuare l'operazione di limite per $x \to 0$ su una *funzione quoziente*, se il numeratore oppure il denominatore (o tutti e due) sono costituiti da uno degli infinitesimi ora elencati, essi possono essere sostituiti dagli infinitesimi ad essi equivalenti che costituiscono il primo termine del membro di destra delle uguaglianze scritte, cioè:

---

[17] Non si deve pensare che esso sia l'unico infinitesimo (per $x \to 0$) equivalente a quello che compare al primo membro; è il *Teorema 2.25* che ce lo dice!

Ad esempio: x, $\sin x$, $\arcsin x$, $\tan x$, $\arctan x$, $\log(1+x)$, $e^x - 1$ sono tutti infinitesimi (per $x \to 0$) equivalenti tra loro.

$\sin x$	può essere sostituito da	x
$\arcsin x$	può essere sostituito da	x
$\tan x$	può essere sostituito da	x
$\arctan x$	può essere sostituito da	x
$1 - \cos x$	può essere sostituito da	$\frac{1}{2}x^2$
$\log(1+x)$	può essere sostituito da	x
$e^x - 1$	può essere sostituito da	x
$(1+x)^\alpha - 1$	può essere sostituito da	αx

appunto perchè infinitesimi equivalenti.

Diamo un esempio!

Se dobbiamo effettuare l'operazione di limite:

$$\lim_{x \to 0} \frac{1 - \cos x}{\log(1+x)}$$

utilizzando ció che abbiamo ora detto, possiamo scrivere:

$$\lim_{x \to 0} \frac{1 - \cos x}{\log(1+x)} = \lim_{x \to 0} \frac{\frac{1}{2}x^2}{x} = \lim_{x \to 0} \left(\frac{1}{2}x\right) = 0$$

Se dobbiamo effettuare queste altre operazioni di limite:

§2.19 Infinitesimi equivalenti e loro uso nel principio di sostituzione

$$\lim_{x \to x_0} \frac{\sin f(x)}{f(x)}$$

$$\lim_{x \to x_0} \frac{\arcsin f(x)}{f(x)}$$

$$\lim_{x \to x_0} \frac{\tan f(x)}{f(x)}$$

$$\lim_{x \to x_0} \frac{\arctan f(x)}{f(x)}$$

$$\lim_{x \to x_0} \frac{1-\cos f(x)}{[f(x)]^2}$$

$$\lim_{x \to x_0} \frac{\log[1+f(x)]}{f(x)}$$

$$\lim_{x \to x_0} \frac{e^{f(x)}-1}{f(x)}$$

$$\lim_{x \to x_0} \frac{[1+f(x)]^\alpha}{f(x)} \quad (\text{con } \alpha \text{ in } \mathbb{R})$$

e risulta $\lim_{x \to x_0} f(x) = 0$, utilizzando il *Teorema 2.21* (nel II modo) cioè pensando la funzione assegnata come funzione composta di cui la prima funzione componente è f, otteniamo gli stessi risultati che si hanno quando al posto di $f(x)$ vi è x ed è $x_0 = 0$.

Questo fatto ci consente di concludere che:

- Se f è un infinitesimo per $x \to x_0$ allora:

$$
\begin{aligned}
\sin f(x) &\sim f(x) \\
\arcsin f(x) &\sim f(x) \\
\tan f(x) &\sim f(x) \\
\arctan f(x) &\sim f(x) \\
1 - \cos f(x) &\sim \tfrac{1}{2}[f(x)]^2 \\
\log(1 + f(x)) &\sim f(x) \\
e^{f(x)} - 1 &\sim f(x) \\
(1 + f(x))^\alpha - 1 &\sim \alpha \cdot f(x)
\end{aligned}
$$

e pertanto anche qui, il *principio di sostituzione degli infinitesimi* ci autorizza, tutte le volte che dobbiamo effettuare l'operazione di limite per $x \to x_0$ su di una *funzione quoziente* ed il numeratore oppure il denominatore (o tutti e due) sono costituiti da uno degli infinitesimi ora elencati, a sostituire tali infinitesimi con quelli ad essi equivalenti a fianco indicati nella tabella.

Alla luce di quanto abbiamo detto, mettiamo mano all'operazione di limite che abbiamo proposto alla fine del paragrafo 2.13, cioè

$$\lim_{x \to 0} \frac{\sqrt{1 + \arcsin x} - 1}{e^{\arctan x} - 1}.$$

Limitiamoci ad eseguire i calcoli senza far commenti; lo Studente, per esercizio, provi a giustificare i nostri passaggi:

$$\lim_{x \to 0} \frac{\sqrt{1 + \arcsin x} - 1}{e^{\arctan x} - 1} = \lim_{x \to 0} \frac{\frac{1}{2} \arcsin x}{\arctan x} = \lim_{x \to 0} \frac{x}{2x} = \lim_{x \to 0} \frac{1}{2} = \frac{1}{2}.$$

Per dare allo Studente un modello di come procedere, eseguiamo altre operazioni di limiti, sempre senza fare commenti.
Anche qui lo Studente è invitato a giustificare i nostri passaggi!

1. $\lim\limits_{x \to 0} \frac{\log[1+\sin(4x^2)]}{e^{\tan(5x)}-1} = \lim\limits_{x \to 0} \frac{\sin(4x^2)}{\tan(5x)} = \lim\limits_{x \to 0} \frac{4x^2}{5x} = \lim\limits_{x \to 0} \left(\frac{4x}{5}\right) = 0.$

2. $\lim\limits_{x \to 0} \frac{e^{\sin(3x)}-1}{\tan[\log(2x+1)]} = \lim\limits_{x \to 0} \frac{\sin(3x)}{\log(2x+1)} = \lim\limits_{x \to 0} \frac{3x}{2x} = \lim\limits_{x \to 0} \frac{3}{2} = \frac{3}{2}.$

3. $\lim\limits_{x \to 0} \frac{\sqrt[5]{(1+x)^3}-1}{(1+x)\cdot\sqrt[3]{(1+x)^2}-1} = \lim\limits_{x \to 0} \frac{(1+x)^{\frac{3}{5}}-1}{(1+x)\cdot(1+x)^{\frac{2}{3}}-1} = \lim\limits_{x \to 0} \frac{\frac{3}{5}x}{(1+x)^{\frac{5}{3}}-1} =$

$= \lim\limits_{x \to 0} \frac{\frac{3}{5}x}{\frac{5}{3}x} = \lim\limits_{x \to 0} \left(\frac{3}{5} \cdot \frac{3}{5}\right) = \frac{9}{25}.$

4. $\lim\limits_{x \to 1} \frac{\log[1+x-3x^2+2x^3]}{\log[1+3x-4x^2+x^3]} = \lim\limits_{x \to 1} \frac{\log[1+(x-3x^2+2x^3)]}{\log[1+(3x-4x^2+x^3)]} =$

$= \lim\limits_{x \to 1} \frac{x-3x^2+2x^3}{3x-4x^2+x^3} = \lim\limits_{x \to 1} \frac{(x-1)\cdot(2x^2-x)}{(x-1)(x^2-3)} = \frac{1}{-2} = -\frac{1}{2}.$

§2.19 Infinitesimi equivalenti e loro uso nel principio di sostituzione

Visto che il principio di sostituzione degli infinitesimi ha funzionato tanto bene nel caso di una funzione quoziente in cui il numeratore ed il denominatore sono costituiti da *uno solo degli infinitesimi* che compaiono nella lista che abbiamo fatto, ci chiediamo:

– Nel caso che il numeratore o il denominatore o entrambi siano infinitesimi a loro volta *prodotto* di due o più infinitesimi, è ancora lecito sostituire ciascun infinitesimo fattore con un infinitesimo ad esso equivalente?

Andiamo a vedere!

Supponiamo che ad esempio il *numeratore* sia un *infinitesimo* per $x \to x_0$ prodotto di due infinitesimi f_1 e f_2 e che g_1 e g_2 siano due infinitesimi ad essi equivalenti:

$$f_1 \sim g_1 \quad \text{e} \quad f_2 \sim g_2 \tag{2.71}$$

Per la (2.62) possiamo scrivere:

$$f_1(x) = g_1(x) + \omega_1(x) \cdot g_1(x)$$
$$f_2(x) = g_2(x) + \omega_2(x) \cdot g_2(x)$$

da cui

$$f_1(x) \cdot f_2(x) = [g_1(x) + \omega_1(x) \cdot g_1(x)] \cdot [g_2(x) + \omega_2(x) \cdot g_2(x)] =$$
$$= g_1(x) \cdot g_2(x) + g_1(x) \cdot g_2(x) \cdot [\omega_1(x) + \omega_2(x) + \omega_1(x) \cdot \omega_2(x)]$$

Se confrontiamo l'infinitesimo $g_1(x) \cdot g_2(x)$ con l'infinitesimo $g_1(x) \cdot g_2(x) \cdot [\omega_1(x) + \omega_2(x) + \omega_1(x) \cdot \omega_2(x)]$ ci accorgiamo che quest'ultimo è un infinitesimo d'ordine superiore rispetto all'infinitesimo $g_1(x) \cdot g_2(x)$ e quindi, per il *principio di cancellazione* può essere scartato ed al numeratore resta il solo termine $g_1(x) \cdot g_2(x)$.

Possiamo allora *concludere* che è lecito sostituire il prodotto di due infinitesimi con il prodotto di due infinitesimi ad essi equivalenti.

Diamo un esempio di come si opera in questi casi!

Esempio 2.16

$$\lim_{x \to 0} \frac{(5^x - 1) \cdot (4^x - 1)}{\log(1 + x) \cdot (e^x - 1)} = \lim_{x \to 0} \frac{(e^{x \cdot \log 5} - 1) \cdot (e^{x \cdot \log 4} - 1)}{x \cdot x} =$$

$$= \lim_{x \to 0} \frac{(x \cdot \log 5) \cdot (x \cdot \log 4)}{x \cdot x} = \log 5 \cdot \log 4$$

Contrariamente a ciò che accade nel prodotto, nella *somma* (o differenza) tale sostituzione non è sempre lecita.

Ciò risulterà chiaro dopo aver studiato la *formula di Taylor*; diciamo tuttavia a titolo di notizia che la *sostituzione non è lecita* se la somma degli infinitesimi equivalenti si annulla.

Occupiamoci ora degli infiniti!

2.20 Principio di sostituzione degli infiniti

All'inizio del paragrafo 2.8 abbiamo dato la definizione di infinito.
Ripetiamola!

> **Data una funzione f di dominio A, sia x_0 un punto di accumulazione per A.**
>
> **Si dice che f è un *infinito* (o che è *infinita*) per $x \to x_0$ se**
>
> $$\lim_{x \to x_0} |f(x)| = +\infty$$

Dalle definizioni di infinitesimo e di infinito per $x \to x_0$ segue che:

- se f è un *infinito* per $x \to x_0$ allora $\frac{1}{f}$ è un *infinitesimo* per $x \to x_0$.

Questa relazione tra infinitesimi e infiniti consente di trasferire agli infiniti quanto abbiamo detto per gli infinitesimi, cioè:

1. di elaborare un *criterio di confronto qualitativo* tra infiniti.

2. di enunciare un *principio di cancellazione degli infiniti*.

§2.20 Principio di sostituzione degli infiniti

3. di elaborare un *criterio di confronto quantitativo* tra infiniti che si riassume nella definizione di *ordine d'infinito* rispetto ad un infinito assunto come *infinito campione*.

4. di enunciare il *principio di sostituzione degli infiniti*.

Per ragioni di spazio, senza entrare in nessun dettaglio di come fare ciò, ci limitiamo a riportare le definizioni e gli enunciati dei principi di cancellazione e di sostituzione.

Partiamo con le definizioni!

–Date due funzioni f e g **infinite** per $x \to x_0$, si dice che f è un **infinito di ordine superiore rispetto a** g se:
$$\lim_{x \to x_0} \left| \frac{f(x)}{g(x)} \right| = +\infty \qquad (2.72)$$

–Date due funzioni f e g **infinite** per $x \to x_0$, si dice che f è un **infinito di ordine inferiore rispetto a** g se:
$$\lim_{x \to x_0} \left| \frac{f(x)}{g(x)} \right| = 0 \qquad (2.73)$$

–Date due funzioni f e g **infinite** per $x \to x_0$, si dice che f e g sono **due infiniti dello stesso ordine** se:
$$\lim_{x \to x_0} \left| \frac{f(x)}{g(x)} \right| = l \in \mathbb{R} - \{0\} \qquad (2.74)$$

in particolare se è $l = 1$, **di dice che f e g sono *due infiniti equivalenti*.**

–Date due funzioni f e g **infinite** per $x \to x_0$, si dice che f e g sono **due infiniti non confrontabili** se:
$$\nexists \lim_{x \to x_0} \left| \frac{f(x)}{g(x)} \right| \qquad (2.75)$$

Principio di cancellazione degli infiniti

Quando si deve effettuare l'operazione di limite per $x \to x_0$ sul *quoziente di due funzioni infinite*, se le funzioni che compaiono al numeratore ed al denominatore sono a loro volta *somme di due funzioni infinite*, si può cancellare al numeratore ed al denominatore il termine che è infinito di ordine inferiore rispetto al termine che si conserva.

Anche qui, se il numeratore ed il denominatore della funzione quoziente sono *somme di più di due termini*, è ancora lecito utilizzare il *principio di cancellazione degli infiniti* solo che, nell'adoperarlo, occorre confrontare ogni termine con la somma di tutti gli altri.

Definizione di ordine d'infinito

Date due funzioni f e g entrambe infinite per $x \to x_0$, se sono infiniti confrontabili ma non dello stesso ordine, si dice che f è un infinito di ordine $\overline{\alpha} > 0$ rispetto a g per $x \to x_0$ se

$$\lim_{x \to x_0} \frac{|f(x)|}{|g(x)|^{\overline{\alpha}}} = l \in \mathbb{R} - \{0\}$$

La funzione g si chiama *infinito campione* per $x \to x_0$.

Nel seguito assumeremo, una volta per tutte, come *infiniti campioni* per $x \to x_0$, e li denoteremo entrambi con la lettera φ, le due funzioni seguenti:

$$\varphi : y = \varphi(x) = \frac{1}{|x - x_0|} \quad , x \in A = (-\infty, x_0) \cup (x_0, +\infty) \quad \text{se } x_0 \in \mathbb{R}$$

e

$$\varphi : y = \varphi(x) = |x| \quad , x \in A = (-\infty, +\infty) \quad \text{se } x_0 = \pm\infty$$

e pertanto il nostro criterio di confronto quantitativo fra due infiniti, nei due casi ci porta alle seguenti definizioni:

§2.20 Principio di sostituzione degli infiniti

–**Diremo che f è un infinito di ordine $\overline{\alpha}$ per $x \to x_0 \in \mathbb{R}$**
se $\lim\limits_{x \to x_0} \dfrac{|f(x)|}{\frac{1}{|x-x_0|^{\overline{\alpha}}}} = \lim\limits_{x \to x_0} [|x - x_0|^{\overline{\alpha}} \cdot |f(x)|] = l \in \mathbb{R} - \{0\}.$

–**Diremo che f è un infinito di ordine $\overline{\alpha}$ per $x \to \pm\infty$**
se $\lim\limits_{x \to \pm\infty} \dfrac{|f(x)|}{|x|^{\overline{\alpha}}} = l \in \mathbb{R} - \{0\}.$

Anche qui, come nel caso degli infinitesimi, se un tale numero $\overline{\alpha}$ non esiste significa che l'infinito f e l'infinito campione φ non sono confrontabili secondo il criterio di confronto quantitativo che abbiamo fissato.

Che una situazione del genere possa effettivamente verificarsi ce lo mostra il seguente esempio.

Esempio 2.17

$$f : y = f(x) = e^x \quad , x \in (-\infty, +\infty) \quad e \quad x_0 = +\infty.$$

Dimostreremo infatti nel libro "Derivabilità, diagrammi e formula di Taylor" che:

$$\forall \alpha > 0 \quad risulta \quad \lim_{x \to +\infty} \frac{f(x)}{|x|^\alpha} = \lim_{x \to +\infty} \frac{e^x}{x^\alpha} = +\infty.$$

Principio di sostituzione degli infiniti

Quando si deve effettuare l'operazione di limite per $x \to x_0$ sul quoziente di due funzioni infinite (per $x \to x_0$), la funzione che compare al numeratore e quella che compare al denominatore possono essere sostituite con infiniti ad esse equivalenti.

Per terminare con gli strumenti di cui si dispone per effettuare una operazione di limite, manca ancora di parlare:

1. della *regola di de l'Hospital*,

2. della *formula di Taylor* che consente di utilizzare al meglio il principio di sostituzione degli infinitesimi.

Di questi due ultimi strumenti di calcolo ci occuperemo nel libro "Derivabilità, diagrammi e formula di Taylor", non avendo ancora fornito allo Studente i concetti matematici per poterlo fare.

In quella sede, servendoci della *regola di de l'Hospital*, dimostreremo che

$$\lim_{x \to 0^+} \frac{\log x}{\frac{1}{x^\alpha}} = \lim_{x \to 0^+} (x^\alpha \cdot \log x) = 0 \quad \text{con} \quad \alpha > 0 \qquad (2.76)$$

$$\lim_{x \to +\infty} \frac{\log x}{x^\alpha} = 0 \quad \text{con} \quad \alpha > 0 \qquad (2.77)$$

$$\lim_{x \to +\infty} \frac{e^x}{x^\alpha} = +\infty \quad \text{con} \quad \alpha > 0 \qquad (2.78)$$

Abbiamo qui voluto anticipare tali risultati perché di essi faremo spesso uso negli esercizi.

2.21 Una domanda naturale

A questo punto lo Studente si chiederà:

– Di tutte le tecniche viste, come si fa a capire quale di esse conviene utilizzare quando si deve effettuare un'operazione di limite e ci si trova di fronte ad un caso di indecidibilità?

Se ripensa a tutto quello che abbiamo detto, si rende conto da solo che non c'è una "ricetta" da consigliare.

Quello che si può dire orientativamente è questo:

– Se non si riesce a rappresentare la legge d'associazione della funzione, su cui si opera, con un'altra "formula", conviene tentare con il *teorema dei carabinieri* oppure con il *principio di cancellazione degli infinitesimi o degli infiniti*; se si adopera quest'ultimo, dopo averlo usato, utilizzare il *principio di sostituzione degli infinitesimi o degli infiniti*.

Con questo consiglio il nostro discorso sui limiti è terminato.
Speriamo di aver reso l'idea!

§2.22 Una domanda naturale

Nel prossimo capitolo vedremo che l'operazione di limite, oltre a tutte le informazioni che ci ha fornito sulla funzione su cui è stata effettuata, ce ne fornirà ancora una:

– Ci dirà se una data funzione è *continua* oppure no in un punto del suo dominio che sia d'accumulazione per esso.

Prima di andare però a vedere di che si tratta, consigliamo vivamente lo Studente di risolvere gli esercizi qui di seguito proposti.

Esercizi sugli argomenti trattati nel Capitolo 2

Sui concetti generali relativi all'operazione di limite

Se lo Studente incontrerà delle difficoltà a rispondere ai quesiti posti, gli suggeriamo di rileggere molto attentamente la teoria e di discutere poi i concetti trattati con qualche compagno.

Esercizio 2.1 *Data una funzione f di dominio $A=(-\infty,-5)\cup[0,10]\cup \cup\{30\}$, dire quali delle seguenti operazioni di limite hanno senso e quali no:*

1. $\lim\limits_{x\to-\infty} f(x)$

2. $\lim\limits_{x\to-20} f(x)$

3. $\lim\limits_{x\to-5} f(x)$

4. $\lim\limits_{x\to 0} f(x)$

5. $\lim\limits_{x\to 10} f(x)$

6. $\lim\limits_{x\to 30} f(x)$

7. $\lim\limits_{x\to+\infty} f(x)$

Esercizio 2.2 *Data una funzione f di dominio $A=(0,10]$, dire quali delle seguenti affermazioni sono vere e quali false:*

1. ha senso effettuare l'operazione di limite: $\lim_{x\to 0^-} f(x)$

2. le due operazioni di limite $\lim_{x\to 0} f(x)$ e $\lim_{x\to 0^+} f(x)$ coincidono

3. se esiste finito il limite $\lim_{x\to 10} f(x)$, esso sicuramente vale $f(10)$

4. se $\lim_{x\to 0^+} f(x) = l \in \mathbb{R}$ sicuramente la funzione è limitata

5. non può esistere alcun punto $x_0 \in A$ tale che $\lim_{x\to x_0} f(x) = +\infty$

Esercizio 2.3 *Data una funzione f di dominio $A=(-\infty,+\infty)$, dire quali delle seguenti affermazioni sono vere e quali false*

1. se $\lim_{x\to -\infty} f(x) = l_1 \in \mathbb{R}$ e $\lim_{x\to +\infty} f(x) = l_2 \in \mathbb{R}$ allora la funzione è limitata

2. può esistere un punto $x_0 \in A$ tale che $\lim_{x\to x_0} f(x) = +\infty$

3. se $\forall x_0 \in A$ esiste $\lim_{x\to x_0} f(x)$ ed è un numero, la funzione è limitata

4. se esistono $\lim_{x\to -\infty} f(x)$ e $\lim_{x\to +\infty} f(x)$ sicuramente è $\lim_{x\to -\infty} f(x) < \lim_{x\to +\infty} f(x)$

5. sicuramente non vi sono due punti distinti x_1, x_2 di A tali che esistono $\lim_{x\to x_1} f(x)$ e $\lim_{x\to x_2} f(x)$ e sono uguali tra loro

6. se $x_0 \in A$ e $\nexists \lim_{x\to x_0} f(x)$ allora sicuramente esistono $\lim_{x\to x_0^-} f(x)$ e $\lim_{x\to x_0^+} f(x)$

Esercizi sugli argomenti trattati nel Capitolo 2

Sui concetti generali relativi all'operazione di limite

Se lo Studente incontrerà delle difficoltà a rispondere ai quesiti posti, gli suggeriamo di rileggere molto attentamente la teoria e di discutere poi i concetti trattati con qualche compagno.

Esercizio 2.1 *Data una funzione f di dominio $A=(-\infty, -5) \cup [0, 10] \cup \cup \{30\}$, dire quali delle seguenti operazioni di limite hanno senso e quali no:*

1. $\lim_{x \to -\infty} f(x)$

2. $\lim_{x \to -20} f(x)$

3. $\lim_{x \to -5} f(x)$

4. $\lim_{x \to 0} f(x)$

5. $\lim_{x \to 10} f(x)$

6. $\lim_{x \to 30} f(x)$

7. $\lim_{x \to +\infty} f(x)$

Esercizio 2.2 *Data una funzione f di dominio $A=(0,10]$, dire quali delle seguenti affermazioni sono vere e quali false:*

1. *ha senso effettuare l'operazione di limite: $\lim_{x \to 0^-} f(x)$*

2. *le due operazioni di limite $\lim_{x \to 0} f(x)$ e $\lim_{x \to 0^+} f(x)$ coincidono*

3. *se esiste finito il limite $\lim_{x \to 10} f(x)$, esso sicuramente vale $f(10)$*

4. *se $\lim_{x \to 0^+} f(x) = l \in \mathbb{R}$ sicuramente la funzione è limitata*

5. *non può esistere alcun punto $x_0 \in A$ tale che $\lim_{x \to x_0} f(x) = +\infty$*

Esercizio 2.3 *Data una funzione f di dominio $A=(-\infty, +\infty)$, dire quali delle seguenti affermazioni sono vere e quali false*

1. *se $\lim_{x \to -\infty} f(x) = l_1 \in \mathbb{R}$ e $\lim_{x \to +\infty} f(x) = l_2 \in \mathbb{R}$ allora la funzione è limitata*

2. *può esistere un punto $x_0 \in A$ tale che $\lim_{x \to x_0} f(x) = +\infty$*

3. *se $\forall x_0 \in A$ esiste $\lim_{x \to x_0} f(x)$ ed è un numero, la funzione è limitata*

4. *se esistono $\lim_{x \to -\infty} f(x)$ e $\lim_{x \to +\infty} f(x)$ sicuramente è $\lim_{x \to -\infty} f(x) < \lim_{x \to +\infty} f(x)$*

5. *sicuramente non vi sono due punti distinti x_1, x_2 di A tali che esistono $\lim_{x \to x_1} f(x)$ e $\lim_{x \to x_2} f(x)$ e sono uguali tra loro*

6. *se $x_0 \in A$ e $\nexists \lim_{x \to x_0} f(x)$ allora sicuramente esistono $\lim_{x \to x_0^-} f(x)$ e $\lim_{x \to x_0^+} f(x)$*

Esercizio 2.4 *Data la funzione di Dirichlet*

$$f : y = f(x) = \begin{cases} 0 & x \in \mathbb{Q} \\ 1 & x \in \mathbb{R} - \mathbb{Q} \end{cases}$$

è certo che $\forall x_0 \in A$ (dominio) $\nexists \lim_{x \to x_0^-} f(x)$ e $\nexists \lim_{x \to x_0^+} f(x)$?

Esercizio 2.5 *Data la funzione f di dominio $A=(0, 30) \cup (50, +\infty)$ e considerate le sue restrizioni di dominio $A_1 = (0, 15]$ ed $A_2 = [1000, +\infty)$ rispettivamente, è certo che:*

1. *se esiste $\lim_{(x \in A_1) \to 0} f(x)$ allora esiste anche $\lim_{(x \in A) \to 0} f(x)$ ed ha lo stesso valore?*

2. *se esiste $\lim_{(x \in A_2) \to +\infty} f(x)$ allora esiste anche $\lim_{(x \in A) \to +\infty} f(x)$ ed ha lo stesso valore?*

3. *se esiste $\lim_{(x \in A_2) \to 1000} f(x)$ allora esiste anche $\lim_{(x \in A) \to 1000} f(x)$ ed ha lo stesso valore?*

Esercizio 2.6 *Data una funzione $f : y = f(x) = \begin{cases} f_1(x) & se\ x \in (-\infty, -5] \\ f_2(x) & se\ x \in (-5, +\infty) \end{cases}$ è certo che:*

1. $\lim_{x \to -\infty} f(x) = \lim_{x \to -\infty} f_1(x)$?

2. $\lim_{x \to +\infty} f(x) = \lim_{x \to +\infty} f_2(x)$?

3. *esiste $\lim_{x \to -5} f(x)$ se esistono $\lim_{x \to -5^-} f_1(x)$, $\lim_{x \to -5^+} f_2(x)$ ed hanno lo stesso valore?*

Esercizio 2.7 *Data una funzione f di dominio $A = (0, +\infty)$ è certo che:*

1. *se essa è monotòna crescente esiste $\lim_{x \to 0} f(x)$?*

2. *se essa è monotòna crescente esiste $\lim_{x \to +\infty} f(x)$?*

Esercizio 2.8 *Data una funzione f di dominio $A = (-\infty, +\infty)$, monotona decrescente, è certo che:*

1. $\lim_{x \to -\infty} f(x) = \Lambda_f$ e $\lim_{x \to +\infty} f(x) = \lambda_f$?

2. può esistere un punto $x_0 \in A$ tale che $\lim_{x \to x_0^-} f(x) < \lim_{x \to x_0^+} f(x)$?

Esercizio 2.9 *Data la funzione $f : y = f(x) = \cos x$, $x \in A = (-\infty, +\infty)$, dire motivando la risposta se:*

1. esiste $\lim_{x \to -\infty} \cos x$

2. esiste $\lim_{x \to +\infty} \cos x$.

Sulla verifica della definizione di limite

Gli esercizi, che lo Studente troverà qui di seguito proposti, vanno risolti sulla falsa-riga degli esempi trattati nel paragrafo 2.3. Tuttavia, per comodità dello Studente, ripetiamo esplicitamente quale è il metodo da seguire.

Per verificare che $\lim_{x \to x_0} f(x) = l \in \widetilde{\mathbb{R}}$ il metodo da seguire è questo:

1. Si trova il dominio A della funzione su cui è stata effettuata l'operazione di limite.

2. Si trova l'immagine inversa di $I(l, \varepsilon)$, cioè l'insieme:

$$f^{-1}(I(l, \varepsilon)) = \{x \in A : f(x) \in I(l, \varepsilon)\}$$

– Se $l \in \mathbb{R}$ allora poiché $I(l, \varepsilon) = (l - \varepsilon, l + \varepsilon)$, scrivere $f(x) \in I(l, \varepsilon)$ è lo stesso che scrivere $l - \varepsilon < f(x) < l + \varepsilon$ oppure $|f(x) - l| < \varepsilon$ e l'insieme $f^{-1}(I(l, \varepsilon))$ è costituito dai punti $x \in A$ che sono soluzioni della disequazione:

$$|f(x) - l| < \varepsilon \qquad (2.79)$$

– Se $l = -\infty$ allora poiché $I(l,\varepsilon) = (-\infty, -\varepsilon)$, scrivere $f(x) \in I(l,\varepsilon)$ è lo stesso che scrivere $f(x) < -\varepsilon$ e l'insieme $f^{-1}(I(l,\varepsilon))$ è costituito dai punti $x \in A$ che sono soluzioni della disequazione:
$$f(x) < -\varepsilon \qquad (2.80)$$

– Se $l = +\infty$ allora poiché $I(l,\varepsilon) = (\varepsilon, +\infty)$, scrivere $f(x) \in I(l,\varepsilon)$ è lo stesso che scrivere $f(x) > \varepsilon$ e l'insieme $f^{-1}(I(l,\varepsilon))$ è costituito dai punti $x \in A$ che sono soluzioni della disequazione:
$$f(x) > \varepsilon \qquad (2.81)$$

Come si vede le tre disequazioni (2.79), (2.80), (2.81), che caratterizzano $f^{-1}(I(l,\varepsilon))$ nei tre casi, contengono un parametro positivo ε.

3. Si constata se esiste un numero positivo $\delta_\varepsilon > 0$ tale che l'insieme $(I(x_0, \delta_\varepsilon) - \{x_0\}) \cap A$ sia contenuto in $f^{-1}(I(l,\varepsilon))$. Se un tale numero esiste, l è il limite.

La difficoltà in tale tipo di esercizi si incontra nel punto 2. perché risolvere una disequazione è in generale difficile o per lo meno laborioso; se la "formula" che rappresenta la legge d'associazione f della funzione è un po' complicata, risolvere la disequazione può risultare addirittura impossibile.

In questi casi, per sbloccare la situazione, vogliamo dare un paio di consigli.

Primo consiglio

Dopo aver trovato il dominio A della funzione su cui è stata effettuata l'operazione di limite, vedere se la "formula" che rappresenta la legge d'associazione f della funzione, può essere sostituita da una "formula più semplice".

Se ciò è possibile, effettuare la verifica servendosi della nuova rappresentazione di f.

Cosí facendo, si è sicuramente facilitati nei calcoli che occorre eseguire per trovare $f^{-1}(I(l,\varepsilon))$.

Spieghiamoci con un esempio!

Esempio 2.18 *Supponiamo di dover verificare che*

$$\lim_{x \to -2} \frac{x+2}{x^2-4} = -\frac{1}{4}. \tag{2.82}$$

La funzione su cui è stata effettuata l'operazione di limite è

$$f: y = f(x) = \frac{x+2}{x^2-4} \quad , x \in A = (-\infty, -2) \cup (-2, 2) \cup (2, +\infty).$$

Poiché

$$f(x) = \frac{x-2}{x^2-4} = \frac{x-2}{(x+2)\cdot(x-2)} = \frac{1}{x+2}$$

anziché verificare la (2.82) è più semplice verificare che

$$\lim_{x \to -2} \frac{1}{x-2} = -\frac{1}{4}$$

Secondo consiglio

Se non si riesce in nessun modo a risolvere la disequazione che determina $f^{-1}(I(l,\varepsilon))$, a partire da essa si cerca di costruire un'altra disequazione le cui soluzioni costituiscono un sottoinsieme A' di $f^{-1}(I(l,\varepsilon))$.

Trovato A', si constata se esiste un numero δ_ε tale che l'insieme $(I(x_0, \delta_\varepsilon) - \{x_0\}) \cap A$ sia contenuto in A'.

Se un tale numero esiste, l è il limite; se non esiste, purtroppo non possiamo trarre conclusioni.

La nuova disequazione di cui abbiamo parlato nei tre casi è:

- $F_1(x) < \varepsilon$ con $F_1(x) \geq |f(x) - l|$ (2.78')

- $F_2(x) < -\varepsilon$ con $F_2(x) \geq f(x)$ (2.79')

- $F_3(x) > \varepsilon$ con $F_3(x) \leq f(x)$ (2.80')

Anche qui, spieghiamoci con un esempio!

Esempio 2.19 *Supponiamo di dover verificare che*

$$\lim_{x \to x_0} \sin x = \sin x_0.$$

La funzione su cui è stata effettuata l'operazione di limite è:

$$f : y = f(x) = \sin x \quad , x \in A = (-\infty, +\infty).$$

L'insieme $f^{-1}(I(\sin x_0, \varepsilon)) = \{x \in (-\infty, +\infty) : |\sin x - \sin x_0| < \varepsilon\}$ è costituito dalle soluzioni della disequazione:

$$|\sin x - \sin x_0| < \varepsilon \tag{2.83}$$

Invece di cercare di risolvere la (2.83), seguiamo il secondo consiglio!

$$|\sin x - \sin x_0| = \text{per una delle formule di prostaferesi} =$$
$$= \left|2 \cdot \sin \tfrac{x-x_0}{2} \cdot \cos \tfrac{x+x_0}{2}\right| = 2\left|\sin \tfrac{x-x_0}{2}\right| \cdot \left|\cos \tfrac{x+x_0}{2}\right| \le$$
$$\le 2\left|\sin \tfrac{x-x_0}{2}\right| \cdot 1 \le 2\left|\tfrac{x-x_0}{2}\right| = 2 \cdot \tfrac{|x-x_0|}{2} = |x - x_0| < \varepsilon$$

Conclusione:

– l'insieme A' è

$$A' = \{x \in (-\infty, +\infty) : |x - x_0| < \varepsilon\} = (x_0 - \varepsilon, x_0 + \varepsilon) = I(x_0, \varepsilon)$$

quindi il δ_ε cercato è $\delta_\varepsilon = \varepsilon$.

Dopo questa premessa, invitiamo lo Studente a cimentarsi nella verifica dei risultati delle seguenti operazioni di limite.

1. $\lim\limits_{x \to +\infty} e^{-x} = 0.$

2. $\lim\limits_{x \to 2} \log_2(x + 2) = 2.$

3. $\lim\limits_{x \to 0} \sin x = 0.$

4. $\lim\limits_{x\to+\infty} \sin\frac{1}{x} = 0$.

5. $\lim\limits_{x\to 5} \frac{x^2-4x-5}{x-5} = 6$.

6. $\lim\limits_{x\to 0} \frac{(1+x)^2-1}{x} = 2$.

7. $\lim\limits_{x\to+\infty} \frac{x^2}{x^2-1} = 1$.

8. $\lim\limits_{x\to-\infty} [\sin x \cdot \log(e^x + 1)] = 0$.

Sull'operazione di limite

Tenendo presente le tecniche illustrate, eseguire le operazioni di limite qui di seguito elencate.

Per orientare lo Studente diciamo subito che le operazioni dall'1. al 16. possono essere effettuate rappresentando la legge d'associazione della funzione su cui si deve operare, per mezzo di un'altra "formula"; quelle dal 17. al 21. servendosi del *Teorema dei carabinieri*; tutte le altre, utilizzando i *principi di cancellazione* e di *sostituzione* degli *infinitesimi* e *infiniti*.

1. $\lim\limits_{x\to 1} \frac{x^3-6x^2+11x-6}{x^2-1}$

2. $\lim\limits_{x\to+\infty} \frac{x^3-6x^2+11x-6}{x^2-1}$

3. $\lim\limits_{x\to+\infty} \frac{\sqrt{2x^2+x+1}}{x-1}$

4. $\lim\limits_{x\to-\infty} \frac{\sqrt{2x^2+x+1}}{x-1}$

5. $\lim\limits_{x\to+\infty} \frac{1}{\sqrt{x+2}-\sqrt{x}}$

6. $\lim\limits_{x\to 0} \frac{\sqrt{2+x}-\sqrt{2-x}}{x}$

7. $\lim\limits_{x\to 0} \frac{\sqrt{1+x}-\sqrt{1-x}}{x^2}$

8. $\lim\limits_{x\to 0} \frac{\sqrt{1+x}-1}{x}$

9. $\lim\limits_{x\to 7} \frac{2-\sqrt{x-3}}{x^2-49}$

10. $\lim\limits_{x\to 4} \frac{\sqrt{2x+1}-3}{\sqrt{x-2}-\sqrt{2}}$

11. $\lim\limits_{x\to +\infty} (\sqrt{x^2-2x-1}-\sqrt{x^2-7x+3})$

12. $\lim\limits_{x\to +\infty} \left(1-\frac{1}{x}\right)^x$

13. $\lim\limits_{x\to -\infty} \left(\frac{x+2}{x-1}\right)^x$

14. $\lim\limits_{x\to +\infty} \left(x-3x^2\log(1+\frac{1}{x})\right)$

15. $\lim\limits_{x\to +\infty} [\log_2(\sqrt{9x^2-1}-x)-\log_2 x]$

16. $\lim\limits_{x\to 3} \frac{\log(3x-1)-\log 8}{x-3}$

17. $\lim\limits_{x\to +\infty} (3+\sin x)^x$

18. $\lim\limits_{x\to +\infty} (2+\sin x)^x$

19. $\lim\limits_{x\to +\infty} (4+\cos x)^x$

20. $\lim\limits_{x\to +\infty} \frac{x\cdot\sin x}{x^2+4}$

21. $\lim\limits_{x\to +\infty} \frac{x^2\cdot\sin x}{x^2+4}$

22. $\lim\limits_{x\to 0} \frac{1-\cos x}{1-\cos(3x)}$

23. $\lim\limits_{x\to 0} \frac{\log(\cos x)}{\sqrt[5]{1+x^2}-1}$

24. $\lim\limits_{x \to 0} \dfrac{\log(2-\cos(2x))}{\log(1+\tan x)}$

25. $\lim\limits_{x \to 1} \dfrac{\log(1+x-5x^2+4x^5)}{\log(1+x-x^2)}$

26. $\lim\limits_{x \to 1} \dfrac{\tan(e^{x-1}-1)}{\log x}$

27. $\lim\limits_{x \to 0} \dfrac{2x \cdot \cos x - 2x}{x \cdot \sin^2 x}$

28. $\lim\limits_{x \to 0} \dfrac{e^{3x} \cdot \sin x - \sin x}{3x^2}$

29. $\lim\limits_{x \to 1} \dfrac{x^3-1}{\sin(x-1)}$

30. $\lim\limits_{x \to 0^+} [\log(\sin(3x)) - \log(2x)]$

31. $\lim\limits_{x \to 0} \dfrac{e^{3x}-1}{\arctan(2x)}$

32. $\lim\limits_{x \to 3} \dfrac{(1-e^{x-3}) \cdot \sin(x-3)}{\tan(x-3) \cdot \log(x-2)}$

33. $\lim\limits_{x \to +\infty} \dfrac{3^x-2^x}{5^x-4^x}$

34. $\lim\limits_{x \to -\infty} \dfrac{3^x-2^x}{5^x-4^x}$

35. $\lim\limits_{x \to 0} \dfrac{3^x-2^x}{5^x-4^x}$

36. $\lim\limits_{x \to +\infty} \dfrac{x+\sqrt[3]{2x}-\sqrt[5]{x}}{2x-\sqrt{10x}-\sqrt[8]{x}}$

37. $\lim\limits_{x \to +\infty} \dfrac{x-\log x+e^x}{x^5-e^x}$

38. $\lim\limits_{x \to 0} (3^{\frac{1}{x}} \cdot \sin x)$

39. $\lim\limits_{x \to +\infty} \left[e^x \cdot \log \dfrac{e^x-1}{e^x}\right]$

40. $\lim\limits_{x \to 0} \dfrac{\cos x - \cos(2x)}{1-\cos x}$

41. $\lim\limits_{x\to 1} \dfrac{\sin(x^2-1)-\sin(x-1)}{3(x^2-x)}$

42. $\lim\limits_{x\to 0^+} \dfrac{\sqrt[4]{x}+\sin x\cdot(\cos x-1)-\arctan^2 x}{\sqrt{\arcsin x}+x^2\cdot\cos x+\sqrt{x}\cdot\log(1+\sqrt{x})}$

43. $\lim\limits_{x\to 0} \dfrac{\log[\arctan(4x^2)+1]}{e^{\tan(5x)}-1}$

44. $\lim\limits_{x\to +\infty} [x^2\cdot(e^{\frac{1}{x}} - e^{\frac{1}{x+1}})]$

45. $\lim\limits_{x\to +\infty} [(x^2+\sqrt{x}-5)\cdot\sin\frac{14}{x^2}]$

46. $\lim\limits_{x\to +\infty} \left[\left(\dfrac{x^2+3}{x^2-1}\right)^{x^2}\cdot e^{-x}\right]$

A titolo di esempio risolviamo gli esercizi 1., 2., 3., 4., 15., 17., 18., 22., 23., 24., 25., 26., 27., 28., 33., 34., 35., 36., 37., 38. e 44.

Esercizio 1.

$$\lim_{x\to 1} \frac{x^3-6x^2+11x-6}{x^2-1} = \lim_{x\to 1} \frac{(x+1)\cdot(x^2-5x+6)}{(x-1)(x+1)} = \lim_{x\to 1} \frac{x^2-5x+6}{x+1} = \frac{2}{2} = 1$$

Esercizio 2. La funzione su cui si deve operare è la stessa dell'esercizio 1. Come si vede né la "formula" con cui è stata assegnata la f, né quella che ci ha consentito di effettuare l'operazione di limite per $x\to 1$ sono adatte per effettuare l'operazione di limite per $x\to +\infty$.

Tenendo presente quanto abbiamo detto nell'esempio 2.3 del paragrafo 2.10, si ha:

$$\lim_{x\to +\infty} \frac{x^3-6x^2+11x-6}{x^2-1} = \lim_{x\to +\infty} \frac{x^3\cdot\left(1-\frac{6}{x}+\frac{11}{x^2}-\frac{6}{x^3}\right)}{x^2\cdot\left(1-\frac{1}{x^2}\right)} =$$

$$= \lim_{x\to +\infty} \left[x\cdot\frac{1-\frac{6}{x}+\frac{11}{x^2}-\frac{6}{x^3}}{1-\frac{1}{x^2}}\right] = +\infty\cdot 1 = +\infty$$

Esercizio 3.

$$\lim_{x\to+\infty} \frac{\sqrt{2x^2+x+1}}{x-1} = \lim_{x\to+\infty} \frac{\sqrt{x^2\cdot(2+\frac{1}{x}+\frac{1}{x^2})}}{x\cdot(1-\frac{1}{x})} =$$

$$= \lim_{x\to+\infty} \frac{|x|\cdot\sqrt{2+\frac{1}{x}+\frac{1}{x^2}}}{x\cdot(1-\frac{1}{x})} = \lim_{x\to+\infty} \frac{\not{x}\cdot\sqrt{2+\frac{1}{x}+\frac{1}{x^2}}}{\not{x}\cdot(1-\frac{1}{x})} = \frac{\sqrt{2}}{1} = \sqrt{2}$$

Esercizio 4.

$$\lim_{x\to-\infty} \frac{\sqrt{2x^2+x+1}}{x-1} = \text{procedendo come nel caso precedente} =$$

$$= \lim_{x\to-\infty} \frac{|x|\cdot\sqrt{2+\frac{1}{x}+\frac{1}{x^2}}}{x\cdot(1-\frac{1}{x})} = \lim_{x\to-\infty} \frac{-\not{x}\cdot\sqrt{2+\frac{1}{x}+\frac{1}{x^2}}}{\not{x}\cdot(1-\frac{1}{x})} = -\frac{\sqrt{2}}{1} = -\sqrt{2}$$

Esercizio 15.

$$\lim_{x\to+\infty} [\log_2(\sqrt{9x^2-1}-x) - \log_2 x] = \lim_{x\to+\infty} \log_2 \frac{\sqrt{9x^2-1}-x}{x} =$$

$$= \lim_{x\to+\infty} \log_2 \frac{|x|\cdot\sqrt{9-\frac{1}{x^2}}-x}{x} = \lim_{x\to+\infty} \log_2 \frac{x\cdot\sqrt{9-\frac{1}{x^2}}-x}{x} =$$

$$= \lim_{x\to+\infty} \log_2 \frac{\not{x}\cdot\left(\sqrt{9-\frac{1}{x^2}}-1\right)}{\not{x}} = \lim_{x\to+\infty} \log_2 \left(\sqrt{9-\frac{1}{x^2}}-1\right) = 1$$

Esercizio 17.
La funzione su cui si deve effettuare l'operazione di limite è:

$$f: y = f(x) = (3+\sin x)^x \quad, x \in A = (-\infty, +\infty)$$

Poichè
$$\forall x \in (-\infty, +\infty) \quad \text{si ha} \quad -1 \leq \sin x \leq 1$$
risulta:
$$(3-1)^x \leq (3+\sin x)^x \leq (3+1)^x$$

cioè
$$2^x \le (3+\sin x)^x \le 4^x$$

Le *funzioni – carabiniere* che abbiamo costruito sono:
$$h : y = h(x) = 2^x \quad , x \in A = (-\infty, +\infty)$$
$$g : y = g(x) = 4^x \quad , x \in A = (-\infty, +\infty).$$

Poiché $\lim_{x \to +\infty} h(x) = \lim_{x \to +\infty} g(x) = +\infty$, per il *Teorema dei carabinieri* segue: $\lim_{x \to +\infty} f(x) = \lim_{x \to +\infty} (3+\sin x)^x = +\infty$

Esercizio 18.
La funzione su cui si deve effettuare l'operazione di limite è:
$$f : y = f(x) = (2+\sin x)^x \quad , x \in A = (-\infty, +\infty)$$

Ragionando come nell'esempio precedente, possiamo scrivere:
$$(2-1)^x \le (2+\sin x)^x \le (2+1)^x$$

cioè
$$1 \le (3+\sin x)^x \le 3^x$$

Le *funzioni – carabiniere* che abbiamo costruito sono:
$$h : y = h(x) = 1 \quad , x \in A = (-\infty, +\infty)$$
$$g : y = g(x) = 3^x \quad , x \in A = (-\infty, +\infty).$$

Poiché $\lim_{x \to +\infty} h(x) = \lim_{x \to +\infty} 1 = 1$ e $\lim_{x \to +\infty} g(x) = \lim_{x \to +\infty} 3^x = +\infty$, non abbiamo informazioni circa il risultato dell'operazione di limite proposta.

Se consideriamo però le *restrizioni* della funzione data aventi per dominio rispettivamente:

$$A_1 = \{x \in \mathbb{R} : \sin x = -1\} = \{x \in \mathbb{R} : x = (-1)^{k+1} \cdot \frac{\pi}{2} + k\pi, k \in \mathbb{Z}\}$$

e

$$A_2 = \{x \in \mathbb{R} : \sin x = 1\} = \{x \in \mathbb{R} : x = (-1)^k \cdot \frac{\pi}{2} + k\pi, k \in \mathbb{Z}\}$$

ed eseguiamo le operazioni di limite per $x \to +\infty$ su di esse, avendo le due restrizioni limiti differenti, concludiamo che $\not\exists \lim_{x \to +\infty} (2 + \sin x)^x$.

Esercizio 22.

$$\lim_{x \to 0} \frac{1 - \cos x}{1 - \cos(3x)} = \lim_{x \to 0} \frac{\frac{1}{2}x^2}{\frac{1}{2}(3x)^2} = \lim_{x \to 0} \frac{x^2}{9x^2} = \lim_{x \to 0} \frac{1}{9} = \frac{1}{9}$$

Esercizio 23.

$$\lim_{x \to 0} \frac{\log(\cos x)}{\sqrt[5]{1 + x^2} - 1} = \lim_{x \to 0} \frac{\log[(\cos x - 1) + 1]}{(1 + x^2)^{\frac{1}{5}} - 1} = \lim_{x \to 0} \frac{\cos x - 1}{\frac{1}{5}x^2} =$$

$$= \lim_{x \to 0} \frac{-\frac{1}{2}x^2}{\frac{1}{5}x^2} = \lim_{x \to 0} \left(-\frac{5}{2}\right) = -\frac{5}{2}$$

Esercizio 24.

$$\lim_{x \to 0} \frac{\log(2 - \cos(2x))}{\log(1 + \tan(3x))} = \lim_{x \to 0} \frac{\log[1 + (1 - \cos(2x))]}{\tan(3x)} = \lim_{x \to 0} \frac{1 - \cos(2x)}{3x} =$$

$$= \lim_{x \to 0} \frac{\frac{1}{2}(2x)^2}{3x} = \lim_{x \to 0} \frac{2x^2}{3x} = \lim_{x \to 0} \left(\frac{2x}{3}\right) = 0$$

Esercizio 25.

$$\lim_{x \to 1} \frac{\log(1 + x - 5x^2 + 4x^5)}{\log(1 + x - x^2)} = \lim_{x \to 1} \frac{\log[1 + (x - 5x^2 + 4x^5)]}{\log[1 + (x - x^2)]} =$$

$$= \lim_{x \to 1} \frac{x - 5x^2 + 4x^5}{x - x^2} = \lim_{x \to 1} \frac{x(1 - 5x + 4x^4)}{x(1 - x)} = \lim_{x \to 1} \frac{1 - 5x + 4x^4}{1 - x} =$$

$$= -\lim_{x \to 1} \frac{\cancel{(x-1)}(4x^3 + 4x^2 + 4x - 1)}{\cancel{(x-1)}} = -\lim_{x \to 1} (4x^3 + 4x^2 + 4x - 1) = -11$$

Esercizio 26.

$$\lim_{x\to 1}\frac{\tan(e^{x-1}-1)}{\log x}=\lim_{x\to 1}\frac{e^{x-1}-1}{\log[(x-1)+1]}=\lim_{x\to 1}\frac{x-1}{x-1}=\lim_{x\to 1}1=1$$

Esercizio 27.

$$\lim_{x\to 0}\frac{2x\cos x - 2x}{x\cdot \sin^2 x}=\lim_{x\to 0}\frac{2x(\cos x - 1)}{x\cdot x^2}=\lim_{x\to 0}\frac{2x\cdot(-\frac{1}{2}x^2)}{x^3}=$$
$$=\lim_{x\to 0}\frac{-x^3}{x^3}=\lim_{x\to 0}(-1)=-1$$

Esercizio 28.

$$\lim_{x\to 0}\frac{e^{3x}\sin x - \sin x}{3x^2}=\lim_{x\to 0}\frac{\sin x(e^{3x}-1)}{3x^2}=\lim_{x\to 0}\frac{x\cdot 3x}{3x^2}=\lim_{x\to 0}1=1$$

Esercizio 33.

$$\lim_{x\to +\infty}\frac{3^x-2^x}{5^x-4^x}=\lim_{x\to +\infty}\frac{3^x}{5^x}=\lim_{x\to +\infty}\left(\frac{3}{5}\right)^x=0$$

Esercizio 34.

$$\lim_{x\to -\infty}\frac{3^x-2^x}{5^x-4^x}=\lim_{x\to -\infty}\frac{-2^x}{-4^x}=\lim_{x\to -\infty}\left(\frac{2}{4}\right)^x=\lim_{x\to -\infty}\left(\frac{1}{2}\right)^x=+\infty$$

Esercizio 35.

$$\lim_{x\to 0}\frac{3^x-2^x}{5^x-4^x}=\lim_{x\to 0}\frac{e^{x\cdot\log 3}-e^{x\cdot\log 2}}{e^{x\cdot\log 5}-e^{x\cdot\log 4}}=\lim_{x\to 0}\frac{(e^{x\cdot\log 3}-1)+(1-e^{x\cdot\log 2})}{(e^{x\cdot\log 5}-1)+(1-e^{x\cdot\log 4})}=$$
$$=\lim_{x\to 0}\frac{(x\cdot\log 3)-(x\cdot\log 2)}{(x\cdot\log 5)-(x\cdot\log 4)}=\lim_{x\to 0}\frac{\log 3-\log 2}{\log 5-\log 4}=\frac{\log 3-\log 2}{\log 5-\log 4}$$

Esercizio 36.

$$\lim_{x\to +\infty}\frac{x+\sqrt[3]{x}+\sqrt[5]{2x}}{2x+\sqrt{10x}+\sqrt[8]{x}}=\lim_{x\to +\infty}\frac{x}{2x}=\lim_{x\to +\infty}\frac{1}{2}=\frac{1}{2}$$

Esercizio 37.
$$\lim_{x\to+\infty}\frac{x-\log x+e^x}{x^5-e^x}=\lim_{x\to+\infty}\frac{e^x}{-e^x}=\lim_{x\to+\infty}(-1)=-1$$

Esercizio 38.
$$\lim_{x\to 0}(3^{\frac{1}{x}}\cdot\sin x)=\lim_{x\to 0}(3^{\frac{1}{x}}\cdot x)$$

Si ha:
$$\lim_{x\to 0^-}(3^{\frac{1}{x}}\cdot x)=0\cdot 0=0 \quad\text{e}$$
$$\lim_{x\to 0^+}(3^{\frac{1}{x}}\cdot x)=\lim_{x\to 0^+}\frac{e^{\frac{1}{x}\cdot\log 3}}{\frac{1}{x}}=\text{ponendo } t=\frac{1}{x},=\lim_{t\to+\infty}\frac{e^{t\cdot\log 3}}{t}=+\infty.$$

Poiché il limite sinistro è diverso dal limite destro, concludiamo che non esiste il limite per $x\to 0$.

Esercizio 44.
$$\lim_{x\to+\infty}\left[x^2\cdot\left(e^{\frac{1}{x}}-e^{\frac{1}{x+1}}\right)\right]=\lim_{x\to+\infty}\left\{x^2\cdot\left[\left(e^{\frac{1}{x}}-1\right)+\left(1-e^{\frac{1}{x+1}}\right)\right]\right\}=$$
$$=\lim_{x\to+\infty}\left\{x^2\cdot\left[\frac{1}{x}-\frac{1}{x+1}\right]\right\}=\lim_{x\to+\infty}\left\{x^2\cdot\frac{1}{x(x+1)}\right\}=$$
$$=\lim_{x\to+\infty}\frac{x}{x+1}=\lim_{x\to+\infty}\frac{x}{x}=\lim_{x\to+\infty}1=1$$

Risposte agli esercizi del Capitolo 2

Sui concetti generali relativi all'operazione di limite

Risposta 2.1

1. *Si*
2. *Si*
3. *Si*
4. *Si*
5. *Si*
6. *No*
7. *No*

Risposta 2.2

1. *Falsa*
2. *Vera*
3. *Falsa*
4. *Falsa*

5. *Falsa*

Risposta 2.3

1. *Falsa*
2. *Vera*
3. *Falsa*
4. *Falsa*
5. *Falsa*
6. *Falsa*

Risposta 2.4

1. *Si*

Risposta 2.5

1. *Si*
2. *Si*
3. *Non è detto perché* $\lim_{(x \in A) \to 1000} f(x)$ *può non esistere*

Risposta 2.6

1. *Si*
2. *Si*
3. *Si*

Risposta 2.7

1. *Sì*
2. *Sì*

Risposta 2.8

1. *Sì*
2. *No*

Risposta 2.9

1. *No*
2. *No*

Sull'operazione di limite

5. $l = +\infty$
6. $l = \frac{\sqrt{2}}{2}$
7. Il limite non esiste.
8. $l = \frac{1}{2}$
9. $l = -\frac{1}{56}$
10. $l = \frac{2\sqrt{2}}{3}$
11. $l = \frac{5}{2}$
12. $l = \frac{1}{e}$

13. $l = e^3$

14. $l = -\infty$

16. $l = \frac{3}{8}$

19. $l = +\infty$

20. $l = 0$

21. Il limite non esiste.

29. $l = 3$

30. $l = \log \frac{3}{2}$

31. $l = \frac{3}{2}$

32. $l = -1$

39. $l = -1$

40. $l = 3$

41. $l = \frac{1}{3}$

42. $l = +\infty$

43. $l = 0$

45. $l = 14$

46. $l = 0$

Capitolo 3

Continuità di una funzione

Nel paragrafo 2.16 del libro "Funzioni reali di una variabile reale" abbiamo visto che la sola conoscenza della coordinate $(x, f(x))$ di alcuni punti del diagramma cartesiano di una funzione non permette di disegnare quest'ultimo; per fare ciò è necessario conoscere altre proprietà della funzione; una di queste proprietà è la continuità.

In questo capitolo vogliamo occuparci di essa.

3.1 Continuità di una funzione in un punto del suo dominio

Data una funzione $f : y = f(x)$, $x \in A = [a, b]$, supponiamo che il suo diagramma cartesiano sia quello di figura 3.1.

Capitolo 3. Continuità di una funzione

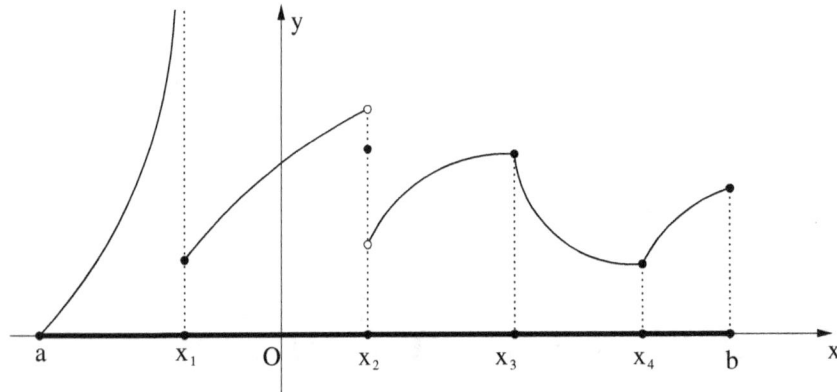

Figura 3.1

Se consideriamo i punti del dominio x_1, x_2, x_3, x_4 (tutti punti di accumulazione per esso) ci accorgiamo che:

- mentre in corrispondenza dei punti di coordinate $(x_1, f(x_1))$ e $(x_2, f(x_2))$ vi è "rottura" del diagramma, in corrispondenza invece dei punti di coordinate $(x_3, f(x_3))$ e $(x_4, f(x_4))$ no.

Ciò è dovuto al seguente fatto:

- mentre i punti $x \in A$ e "vicini" a x_3 ed a x_4 hanno le immagini $f(x)$ "vicine" rispettivamente a $f(x_3)$ e $f(x_4)$, i punti $x \in A$ e "vicini" a x_1 ed a x_2 non hanno invece le immagini $f(x)$ "vicine" rispettivamente a $f(x_1)$ e $f(x_2)$.[1]

Questa differenza di comportamento delle immagini $f(x)$ dei punti $x \in A$ e "vicini" a x_3 ed a x_4 e di quelli "vicini" a x_1 ed a x_2, si esprime dicendo che la funzione è *continua nei punti x_3 ed x_4, discontinua nei punti x_1 e x_2*.

---

[1] Come si può notare nel diagramma, i punti $x \in A$ "vicini" a x_1 ed a sinistra di esso, hanno le immagini $f(x)$ "vicine" a $+\infty$, mentre quelli a destra hanno le immagini $f(x)$ "vicine" a $f(x_1)$. Per quanto riguarda i punti $x \in A$ "vicini" a x_2, sia che stiano a sinistra che a destra di esso, le loro immagini $f(x)$ non sono "vicine" a $f(x_2)$.

§3.1 Continuità di una funzione in un punto del suo dominio

I punti x_3 ed x_4 vengono poi chiamati *punti di continuità* della funzione, mentre i punti x_1 e x_2 *punti di discontinuitá* della stessa.

Quanto abbiamo finora detto, pur dandoci un'idea intuitiva del significato di continuità e di discontinuità di una funzione in un punto (del suo dominio), non può essere tuttavia assunto come definizione di continuità e di discontinuità perché nel nostro discorso vi è l'aggettivo "vicino" del quale non è stato precisato il significato.

Tale precisazione può essere fatta servendosi del *concetto d'intorno di un punto*.

Vediamo come!

Riprendiamo in esame il diagramma che abbiamo disegnato ed osserviamo che:

- Se fissiamo nell'insieme d'arrivo (asse delle y) un qualunque intorno $I(f(x_3), \varepsilon)$ di $f(x_3)$ è possibile trovare, in corrispondenza ad esso, un intorno $I(x_3, \delta_\varepsilon)$ di x_3 tale che qualunque $x \in I(x_3, \delta_\varepsilon) \cap A$ abbia l'immagine $f(x) \in I(f(x_3), \varepsilon)$.

La stessa cosa accade per il punto x_4 però non accade per i punti x_1 e x_2.

Questa osservazione ci suggerisce la seguente definizione di funzione continua in un punto x_0 del suo dominio.

> *Definizione di funzione continua in un punto*
> **Data una funzione f di dominio A, sia x_0 un punto di A e $f(x_0)$ la sua immagine.**
>
> **Si dice che la funzione è *continua nel punto* x_0 e x_0 prende il nome di punto di continuità se, comunque si fissi un intorno di $f(x_0)$, esiste in corrispondenza ad esso, un intorno di x_0 tale che tutti i punti $x \in A$ che appartengono a quest'ultimo intorno, hanno le immagini $f(x)$ appartenenti all'intorno di $f(x_0)$ fissato.**

In simboli, ciò si esprime scrivendo:

$$\forall \varepsilon > 0 \; \exists \, \delta_\varepsilon > 0 : \forall x \in I(x_0, \delta_\varepsilon) \cap A \;\; \text{si ha} \;\; f(x) \in I(f(x_0), \varepsilon). \quad (3.1)$$

Tenendo poi presente che sia x_0 che $f(x_0)$ sono numeri, cioè appartengono a $\mathbb{R}$, la (3.1) può essere scritta cosí:

$$\forall \varepsilon > 0 \; \exists \, \delta_\varepsilon > 0 : \forall x \in (x_0-\delta_\varepsilon, x_0+\delta_\varepsilon) \cap A \;\; \text{si ha} \;\; f(x_0)-\varepsilon < f(x) < f(x_0)+\varepsilon \tag{3.1'}$$

o anche

$$\forall \varepsilon > 0 \; \exists \, \delta_\varepsilon > 0 : \forall x \in A \;\; \text{con} \;\; |x - x_0| < \delta_\varepsilon \;\; \text{si ha} \;\; |f(x) - f(x_0)| < \varepsilon. \tag{3.1''}$$

Se invece il punto x_0 di A non verifica la (3.1), si dice che la funzione è *discontinua nel punto* x_0 e quest'ultimo viene chiamato *punto di discontinuità*.

Insistiamo sul fatto che per poter parlare di continuità o di discontinuità di una funzione in un punto x_0, quest'ultimo deve appartenere al dominio A della funzione.

Una definizione basata su quella di funzione continua in un punto è la definizione di funzione continua.

> *Definizione di funzione continua*
> **Data una funzione f di dominio A, si dice che essa è una *funzione continua* se lo è in ogni punto del suo dominio.**

Alla luce di tale definizione, per provare che una data funzione non è continua, basta provare che essa ha qualche punto di discontinuità.

Da quanto abbiamo osservato circa il significato geometrico della continuità di una funzione in un punto x_0 (del suo dominio), nel caso che x_0 sia punto d'accumulazione per esso, segue che:

- Se una funzione è continua ed il dominio è un *intervallo*, il suo diagramma cartesiano non presenta "rotture" e quindi può essere disegnato senza staccare mai la penna dal foglio.

- Se una funzione è continua ed il suo dominio è un'unione di intervalli a due a due disgiunti, il diagramma cartesiano di ogni restrizione di essa avente per dominio un intervallo dell'insieme unione, non presenta "rotture".

Per fissare le idee, riportiamo alcuni diagrammi cartesiani di funzioni continue.

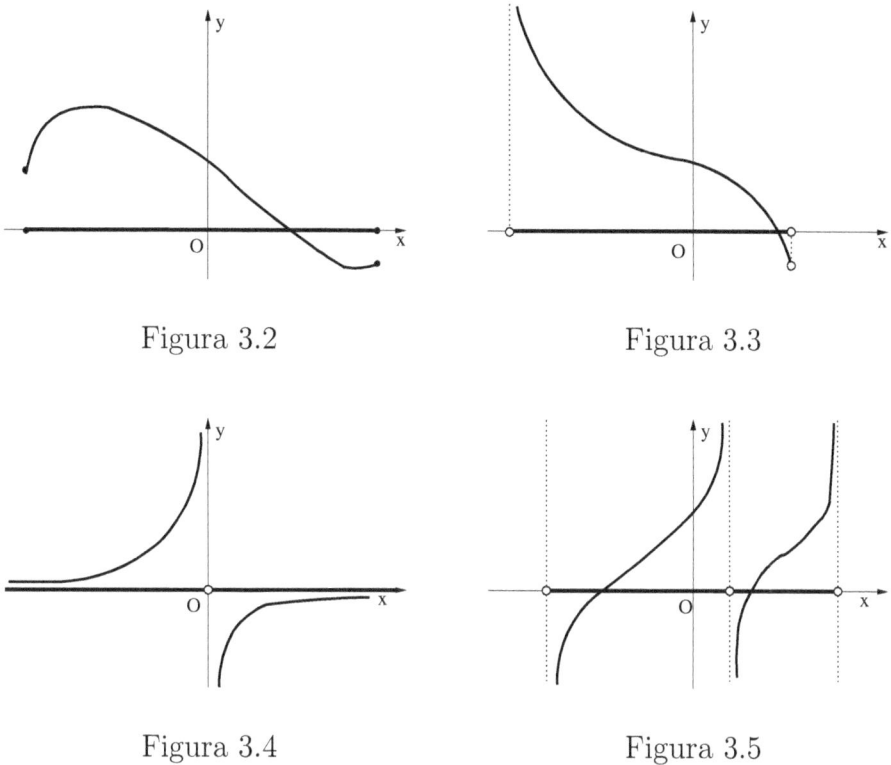

Figura 3.2

Figura 3.3

Figura 3.4

Figura 3.5

Nel capitolo 2 abbiamo visto come l'operazione di limite ci ha permesso di scoprire molte proprietà della funzione su cui è stata effettuata.

Riuscirà essa anche a farci scoprire se una data funzione è continua oppure no in un punto assegnato del suo dominio?

Andiamo a vedere!

3.2 Operazione di limite come strumento d'indagine della continuità di una funzione in un punto

Data una funzione f di dominio A, sia x_0 un punto di A.

Poiché il punto $x_0 \in A$, come abbiamo visto nel paragrafo 1.6, due situazioni sono possibili:

– o x_0 è *punto interno* ad A

– o x_0 è *punto di frontiera* per A

Se x_0 é punto interno ad A sicuramente è *punto di accumulazione* per esso.
Se x_0 è invece punto di frontiera per A, allora:

– o è *punto di accumulazione* per A

– o è *punto isolato* di A.

Riassumendo:

$$\text{se } x_0 \in A \begin{cases} \text{o } x_0 \text{ è punto isolato di } A \\ \text{o } x_0 \text{ è punto di accumulazione per } A \end{cases}$$

Trattiamo separatamente i due casi!

1° **caso** Se x_0 è *punto isolato* di A sicuramente esso verifica la (3.1) e quindi è *punto di continuità* per la funzione.

Fissato infatti un qualunque $\varepsilon > 0$ si può scegliere $\delta_\varepsilon > 0$ in modo che l'unico punto di A che appartenga a $I(x_0, \delta_\varepsilon)$ sia x_0 stesso; la sua immagine $f(x_0)$ appartiene a $I(f(x_0), \varepsilon)$ in quanto ogni punto appartiene a ciascuno dei suoi infiniti intorni e quindi la (3.1) è verificata.

2° **caso** Se x_0 è invece *punto d'accumulazione* per A e verifica la (3.1) (e quindi è *punto di continuità* per la funzione), l'unica cosa che la (3.1) ci dice è che:

$$\lim_{x \to x_0} f(x) = f(x_0) \qquad (3.2)$$

Riassumendo e concludendo possiamo allora dire:

– se x_0 è *punto isolato* di A, la funzione è continua in esso.

– se x_0 è *punto d'accumulazione* per A, la funzione è continua in esso se e solo se è verificata la (3.2).

Se x_0 è un punto di accumulazione per A, la conclusione a cui siamo arrivati ci permette:

1. di indagare mediante l'operazione di limite se una data funzione è continua o discontinua in esso

2. di conoscere il risultato dell'operazione di limite per $x \to x_0$ prima ancora di effettuarla, se sappiamo a priori che la funzione è continua in esso.

Prima di analizzare i punti di discontinuità di una funzione, vogliamo dare un'altra definizione di funzione continua in un punto, equivalente a quella già data.

3.3 Un'altra definizione di funzione continua in un punto

Per rendere la nuova definizione più espressiva possibile, diciamo prima che cosa si intende per *oscillazione di una funzione* ed enunciamo un teorema riguardante l'oscillazione.

La definizione di *oscillazione di una funzione* è questa:

> *Definizione di oscillazione*
> **Data una funzione f di dominio A siano λ_f e Λ_f i suoi estremi.**
>
> **Si chiama *oscillazione della funzione* e si denota con il simbolo ω_f, la differenza tra Λ_f e λ_f:**
>
> $$\omega_f = \Lambda_f - \lambda_f$$

Da tale definizione segue:

– Se la funzione f è *limitata* allora ω_f è un numero ≥ 0; é $= 0$ se e solo se la f è costante.

– Se la funzione f è *illimitata*: solo inferiormente, solo superiormente, oppure sia inferiormente che superiormente, allora (per le convenzioni fate circa l'uso dei simboli $-\infty$ e $+\infty$ nel libro "Funzioni reali di una variabile reale" nel paragrafo 1.16) si ha:

$$\omega_f = \Lambda_f - (-\infty) = \Lambda_f + \infty = +\infty$$
$$\omega_f = +\infty - \lambda_f = +\infty$$
$$\omega_f = +\infty - (-\infty) = +\infty + \infty = +\infty$$

Ecco il teorema che abbiamo preannunciato e del quale non daremo la facile dimostrazione:

Teorema 3.1 *Data una funzione f di dominio A, siano x_1 e x_2 due generici punti di A.*

L'oscillazione ω_f è uguale all'estremo superiore dell'insieme numerico descritto da $|f(x_1) - f(x_2)|$ al variare in tutti i modi possibili di x_1 e x_2 in A.

Ciò premesso, diamo un altro teorema che fornisce un *condizione necessaria e sufficiente* affinché una funzione sia continua in un punto x_0 del suo dominio.

Teorema 3.2 *Data una funzione f di dominio A sia x_0 un punto di A.*

Condizione necessaria e sufficiente affinché f sia continua in x_0 è che:

$$\forall \varepsilon > 0 \; \exists \, \delta_\varepsilon > 0 : \forall x_1, x_2 \in I(x_0, \delta_\varepsilon) \cap A \;\; si \; ha \;\; |f(x_1) - f(x_2)| < \varepsilon \quad (3.3)$$

Dimostrazione

Necessità . Per ipotesi la funzione è continua in x_0 quindi vale la (3.1″).
Presi due punti x_1 e $x_2 \in I(x_0, \delta_\varepsilon)$ si ha allora:

$$|f(x_1) - f(x_0)| < \varepsilon \;\; \text{e} \;\; |f(x_2) - f(x_0)| < \varepsilon \quad (3.4)$$

Poiché

$$|f(x_1) - f(x_2)| = |f(x_1) - f(x_0) + f(x_0) - f(x_2)| =$$
$$= |(f(x_1) - f(x_0)) + (f(x_0) - f(x_2))| \leq$$
$$\leq |(f(x_1) - f(x_0))| + |(f(x_0) - f(x_2))| \leq$$
$$\leq \text{per la (3.4)} \leq \varepsilon + \varepsilon = 2\varepsilon$$

la (3.3) è dimostrata.

§3.4 Punti singolari di una funzione

Sufficienza. L'ipotesi è costituita dalla (3.3). Se scegliamo $x_2 = x_0$, otteniamo la (3.1″) quindi la funzione è continua nel punto x_0.

c.v.d.

Poiché in matematica le condizioni necessarie e sufficienti possono essere assunte come definizioni, assumeremo la (3.3) come la nuova definizione di funzione continua in un punto.

Tenendo poi presente la definizione di oscillazione di una funzione ed il teorema 3.1, la nuova definizione di continuità può essere così formulata:

> *Definizione alternativa di funzione continua in un punto*
> **Data una funzione f di dominio A sia x_0 un punto di A. Si dice che f è *continua nel punto* x_0 se comunque si fissi un numero $\varepsilon > 0$ esiste un numero $\delta_\varepsilon > 0$ tale che l'oscillazione della restrizione della funzione avente per dominio $I(x_0, \delta_\varepsilon) \cap A$ sia minore di ε.**

Occupiamoci ora dei punti di discontinuità, inquadrandoli nell'ambito più generale dei *punti singolari*.

3.4 Punti singolari di una funzione

Partiamo con una definizione!

> *Definizione di punto singolare*
> **Data una funzione $f : y = f(x)$, $x \in A \subseteq \mathbb{R} \subset \widetilde{\mathbb{R}}$, si chiama *punto singolare* per essa ogni punto $x_0 \in \mathbb{R}$ che si trovi in una delle due situazioni seguenti:**
>
> 1. **appartiene ad A ed è punto di discontinuità per f**
>
> 2. **non appartiene ad A però appartiene a ∂A e quindi è punto d'accumulazione per A**

Poiché in ogni caso x_0 è un punto di accumulazione per A [2], ha senso effettuare l'operazione di $\lim_{x \to x_0} f(x)$ ed in base al risultato di tale operazione si suol classificare i punti singolari cosí :

- se esiste finito $\lim_{x \to x_0} f(x)$, si dice che x_0 è un *punto singolare eliminabile* ed in particolare, se è punto di discontinuità, *punto di discontinuità eliminabile*.

- se invece è $\lim_{x \to x_0} f(x) = \pm\infty$ o addirittura $\nexists \lim_{x \to x_0} f(x)$, si dice che x_0 è un *punto singolare non eliminabile* ed in particolare, se è punto di discontinuità, *punto di discontinuità non eliminabile*.

Tali denominazioni sono suggerite dalle seguenti circostanze:
- se esiste finito il $\lim_{x \to x_0} f(x)$, il punto x_0 può essere eliminato come punto singolare e fatto diventare punto di continuità per la funzione nel modo seguente:
    - nel caso che $x_0 \in A$, cioè è *punto di discontinuità*, cambiando l'immagine $f(x_0)$ che gli attribuisce la *legge d'associazione* f, con il *valore del limite*.
    - nel caso che $x_0 \notin A$, cioè non è *punto di discontinuità*, includendolo nel *dominio* della funzione e dandogli come *immagine*, sempre il *valore del limite*

- se invece risulta $\lim_{x \to x_0} f(x) = \pm\infty$ o addirittura il limite non esiste, non è possibile eliminare x_0 come punto singolare perché qualunque fosse l'immagine che gli si assegnasse, resterebbe sempre punto di discontinuità e quindi punto singolare per f.

Per i punti singolari non eliminabili poi, indipendentemente dal fatto che siano o no punti di discontinuità, sono in uso le seguenti locuzioni:

Si dice che un punto singolare (non eliminabile) x_0 è

---

[2] Se $x_0 \in A$, sicuramente è punto di accumulazione per A, perché se fosse punto isolato di A, f sarebbe continua in esso; se $x_0 \notin A$ è ovviamente punto d'accumulazione per A perché viene richiesto che sia tale.

§3.4 Punti singolari di una funzione

punto di discontinuità di 1^a *specie* se esistono finiti entrambi i limiti:

$$\lim_{x \to x_0^-} f(x) \text{ e } \lim_{x \to x_0^+} f(x)$$

che denoteremo rispettivamente con i simboli $f(x_0^-)$ e $f(x_0^+)$.

La differenza $f(x_0^+) - f(x_0^-)$ si chiama *salto* della funzione nel punto x_0.

Si dice che un punto singolare (non eliminabile) x_0 è *punto di discontinuità di* 2^a *specie* se non è di prima specie, cioè se almeno uno dei due predetti limiti non esiste oppure è $\pm\infty$. In particolare se entrambi i limiti esistono ed almeno uno dei due è $\pm\infty$, si dice che x_0 è un *punto d'infinito*.

Illustriamo le definizioni date con il disegno in figura 3.6

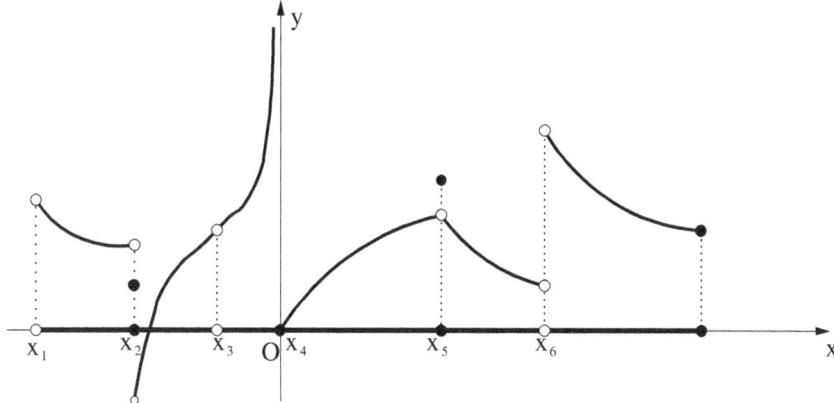

Figura 3.6

I punti $x_1, x_2, x_3, x_4, x_5, x_6$ sono punti singolari per la funzione f avente il diagramma disegnato; i punti x_1, x_3, x_5 sono punti singolari eliminabili, mentre x_2, x_4, x_6 non lo sono. I punti x_2 e x_6 sono poi punti di discontinuità di 1^a specie ed il punto x_4 è punto d'infinito.

La retta d'equazione $x = x_4$ è detta *asintoto verticale* per il diagramma cartesiano della funzione.

In generale: il diagramma cartesiano di una funzione ha un *asintoto verticale* di equazione $x = x_0$ se x_0 è un *punto d'infinito* per la funzione.

Prima di esaminare le proprietà delle funzioni continue introduciamo alcune definizioni largamente usate nella letteratura matematica.

> *Definizione 1*
> **Data una funzione f di dominio A, sia x_0 un punto di A e di discontinuità per essa. Se ha senso l'operazione di limite $\lim_{x \to x_0^-} f(x)$ e risulta $\lim_{x \to x_0^-} f(x) = f(x_0)$, si dice che la funzione è *continua a sinistra nel punto* x_0.**

> *Definizione 2*
> **Data una funzione f di dominio A, sia x_0 un punto di A e di discontinuità per essa. Se ha senso l'operazione di limite $\lim_{x \to x_0^+} f(x)$ e risulta $\lim_{x \to x_0^+} f(x) = f(x_0)$, si dice che la funzione è *continua a destra nel punto* x_0.**

> *Definizione 3*
> **Data una funzione f di dominio A, si dice che essa è una *funzione generalmente continua* se ad ogni intervallo limitato $[a, b]$, che abbia intersezione non vuota con A, appartiene al più un numero finito di punti singolari per f.**

Esempi di funzioni generalmente continue sono:

$f : y = f(x) = \tan x \quad , x \in A = \{x \in \mathbb{R} : x \neq \frac{\pi}{2} + k\pi,\ k \in \mathbb{Z}\}$
$f : y = f(x) = \cotan x \quad , x \in A = \{x \in \mathbb{R} : x \neq k\pi,\ k \in \mathbb{Z}\}$

§3.5 *Proprietà delle funzioni continue*

Definizione 4
Data una funzione f di dominio A, si dice che essa è una *funzione continua a tratti* se:

a) è una funzione generalmente continua

b) tutti i suoi punti singolari sono punti di discontinuità di 1ª specie.

Un esempio di funzione continua a tratti è:

$$f : y = f(x) = [x] \quad , x \in A = (-\infty, +\infty) (\text{funzione parte intera}).$$

Per convincersi di ciò basta osservare il suo diagramma cartesiano nel paragrafo 2.15 del libro "Funzioni reali di una variabile reale".

Vediamo ora di quali proprietà godono le funzioni continue!

3.5 Proprietà delle funzioni continue

Le principali proprietà delle funzioni continue sono espresse dai seguenti teoremi.

Teorema 3.3 - *Teorema di permanenza del segno*
Data una funzione f di dominio A sia $x_0 \in A$ e punto di accumulazione per esso. Se:

1. *f è continua nel punto x_0*

2. *$f(x_0) \neq 0$*

allora
esiste un intorno $I(x_0, \delta)$ di x_0 tale che ogni $x \in I(x_0, \delta) \cap A$ ha la $f(x)$ dello stesso segno di $f(x_0)$.

Dimostrazione
Per l'ipotesi 1. si ha :

$$\forall \varepsilon > 0 \, \exists \, \delta_\varepsilon > 0 : \forall x \in (I(x_0, \delta_\varepsilon) \cap A) \text{ si ha } f(x_0) - \varepsilon < f(x) < f(x_0) + \varepsilon \tag{3.5}$$

Se è ad esempio $f(x_0) > 0$, per la (3.5) dovendo $f(x_0) - \varepsilon < f(x)$ essere verificata per ogni $\varepsilon > 0$, lo è anche per $\varepsilon < f(x_0)$.

Con tale scelta di ε, essendo $f(x_0) - \varepsilon > 0$ anche $f(x)$ lo è quindi $f(x)$ ha il segno di $f(x_0)$ per ogni $x \in (I(x_0, \delta_\varepsilon) \cap A)$ e pertanto il teorema è dimostrato.

In modo del tutto analogo si ragiona per dimostrare il teorema nel caso che risulti $f(x_0) < 0$.

c.v.d.

Teorema 3.4 - *Teorema di Weierstrass*
Data una funzione f di dominio A, se:

1. *A è un insieme chiuso e limitato*

2. *f è continua*

allora
   la funzione f è dotata di minimo e massimo assoluto.

Di tale teorema non diamo la dimostrazione, che lo Studente interessato può trovare in molti testi di Analisi Matematica, ma vogliamo invece osservare due cose:

a) le ipotesi di tale teorema costituiscono una condizione sufficiente ma non necessaria per l'esistenza del minimo e del massimo assoluto

b) tale teorema è uno dei cosiddetti *teoremi esistenziali*. Esso assicura l'esistenza del minimo e del massimo assoluto ma non dice né quanto valgono né quali sono i punti di minimo e massimo assoluto.

I seguenti diagrammi cartesiani di funzioni ci dovrebbero convincere che quanto abbiamo detto in a) è certo, cioè che esistono funzioni che pur non verificando le ipotesi del teorema di Weierstrass hanno il minimo e il massimo assoluto.

§3.5 Proprietà delle funzioni continue

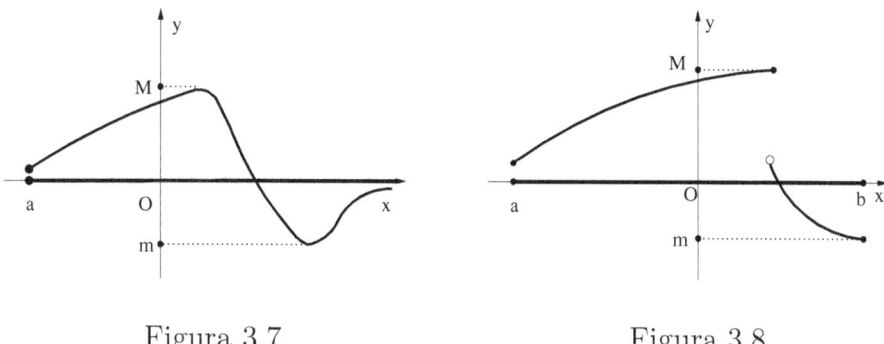

Figura 3.7   Figura 3.8

Teorema 3.5 - Teorema di esistenza degli zeri
Data una funzione f di dominio A, se:

1. *$A = [a, b]$ cioè è un intervallo chiuso e limitato*

2. *f è continua*

3. *$f(a)$ e $f(b)$ hanno segno opposto*

allora
   esiste almeno un punto ξ interno ad $[a, b]$ tale che $f(\xi) = 0$ [3]

Dimostrazione
Supponiamo ad esempio che sia $f(a) > 0$ e $f(b) < 0$. Essendo $f(a) > 0$, per il *Teorema 3.3 (teorema di permanenza del segno)* esiste almeno un numero α (con $a < \alpha < b$) tale che ogni punto $x \in [a, \alpha]$ ha la $f(x) > 0$.

Consideriamo l'insieme dei punti α che godono di tale proprietà e sia ξ l'estremo superiore di tale insieme. Sempre per il *Teorema 3.3* applicato al punto b esiste almeno un numero β, con $\xi \leq \beta < b$, tale che ogni $x \in [\beta, b]$ ha la $f(x) < 0$.

Poichè i punti α di cui sopra sono sicuramente minori di β, β è un maggiorante per l'insieme di essi e quindi risulta $\xi \leq \beta < b$.

Il punto ξ essendo maggiore di a e minore di b è in definitiva un punto interno all'intervallo $[a, b]$ ed ogni $x \in [a, \xi)$ ha la $f(x) > 0$.

---

[3]Il nome di tale teorema deriva dal fatto che si chiama *zero* di una funzione f di dominio A ogni punto $x \in A$ che abbia come immagine zero.

Per la continuità della funzione e per il *Teorema 2.1* si ha allora:

$$\lim_{x \to \xi^-} f(x) = f(\xi) \geq 0.$$

Non può essere $f(\xi) > 0$ altrimenti, sempre per il *Teorema 3.3* applicato al punto ξ, esisterebbe un punto $\xi' > \xi$ tale che ogni $x \in [\xi, \xi']$ avrebbe la $f(x) > 0$.

In tal caso il punto ξ sarebbe uno degli α; ciò è però assurdo perché ξ è l'estremo superiore dell'insieme degli α.

Conclusione: $f(\xi) = 0$ e quindi ξ è uno zero della funzione.

c.v.d.

Anche a proposito di questo teorema vogliamo osservare due cose:

a) le sue ipotesi costituiscono una condizione sufficiente ma non necessaria per l'esistenza degli zeri.

b) anche questo teorema è uno dei cosiddetti *teoremi esistenziali*. Esso assicura infatti l'esistenza di almeno uno zero per la funzione ma non dice né se ne esiste uno solo e tanto meno quali sono gli zeri. Nel libro "Derivabilità, diagrammi e formula di Taylor" daremo gli strumenti per trovarli.

Anche qui i seguenti diagrammi cartesiani di funzioni ci dovrebbero convincere che quanto abbiamo detto in a) è certo:

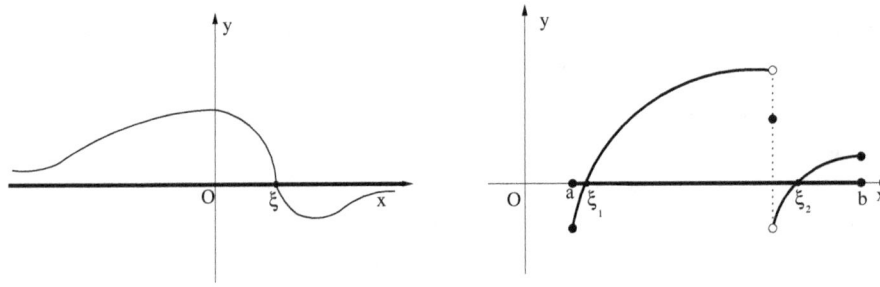

Figura 3.9   Figura 3.10

§3.5 Proprietà delle funzioni continue

Teorema 3.6 - *Teorema dei valori intermedi*
Data una funzione f di dominio A se:

1. $A=[a,b]$ cioè è un intervallo chiuso e limitato

2. f è continua

allora
il suo codominio è un intervallo chiuso e limitato.

Dimostrazione
Per le ipotesi 1. e 2. il *Teorema 3.4 (teorema di Weierstrass)* assicura che esiste il minimo assoluto m ed il massimo assoluto M; siano rispettivamente x_m e x_M un punto di minimo ed un punto di massimo assoluto; sia cioè:
$$f(x_m) = m \quad \text{e} \quad f(x_M) = M.$$
Per dimostrare il teorema basta far vedere che qualunque sia $y_0 \in (m, M)$ esiste almeno un punto $x_0 \in [a,b]$ tale che risulti $f(x_0) = y_0$.

Se consideriamo la funzione
$$\varphi : y = \varphi(x) = f(x) - y_0 \quad , x \in I$$
ove I è l'intervallo chiuso e limitato di estremi x_m e x_M[4] allora, poiché è:
$$\varphi(x_m) = f(x_m) - y_0 = m - y_0 < 0$$
e
$$\varphi(x_M) = f(x_M) - y_0 = M - y_0 > 0$$
il *teorema 3.5* (teorema di esistenza degli zeri) assicura che esiste almeno un punto ξ interno ad I tale che $\varphi(\xi) = 0$.
Ma $\varphi(\xi) = f(\xi) - y_0 = 0$ si ha $f(\xi) = y_0$
e quindi il punto ξ è il punto x_0 cercato.

c.v.d.

---
[4]Se gli estremi a e b sono l'uno punto di minimo e l'altro punto di massimo assoluto, cioè se è: $a = x_m$ e $b = x_M$ oppure $a = x_M$ e $b = x_m$ allora $I = [a,b]$ altrimenti è $I \subset [a,b]$.

Il teorema ora dimostrato, unitamente al *teorema 3.4 (teorema di Weierstrass)* ci permette di concludere che:

- Se il *dominio* di una funzione *continua* è un *intervallo chiuso e limitato* $[a, b]$, il suo *codominio* è l'intervallo $[m, M]$.

Ci si può ora chiedere:

- Il teorema ora dimostrato ammette il teorema inverso? Cioè se una funzione f ha per dominio un intervallo chiuso e limitato $[a, b]$ e per codominio un intervallo chiuso e limitato $[\alpha, \beta]$, è essa continua?

La risposta è in generale negativa come ci mostra il diagramma cartesiano.

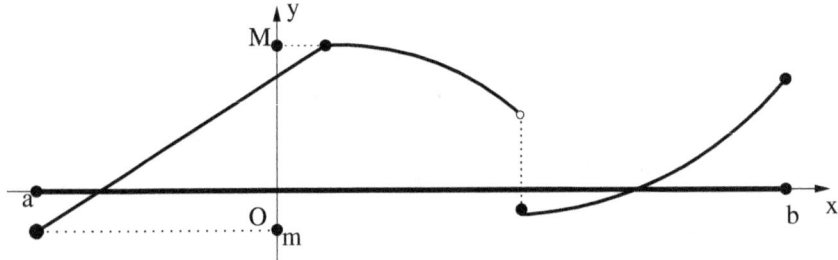

Figura 3.11

Si dimostra (ma qui non lo dimostreremo) che la risposta è affermativa *se e solo se* la funzione è anche *monotona*.
Sussiste infatti quest'altro teorema:

Teorema 3.7 *Data una funzione f di dominio A se:*

1. $A = [a, b]$ *cioè è un intervallo chiuso e limitato*

2. $f(A) = [\alpha, \beta]$

3. f *è monotòna*

§3.5 Proprietà delle funzioni continue

allora

  f è una funzione continua.

Per terminare ci poniamo quest'altro problema:

– Se una funzione continua f è invertibile, cioè è dotata di funzione inversa f^{-1}, quest'ultima è continua?

Anche qui la risposta è in generale negativa come mostrano i seguenti diagrammi cartesiani 3.12 e 3.13.

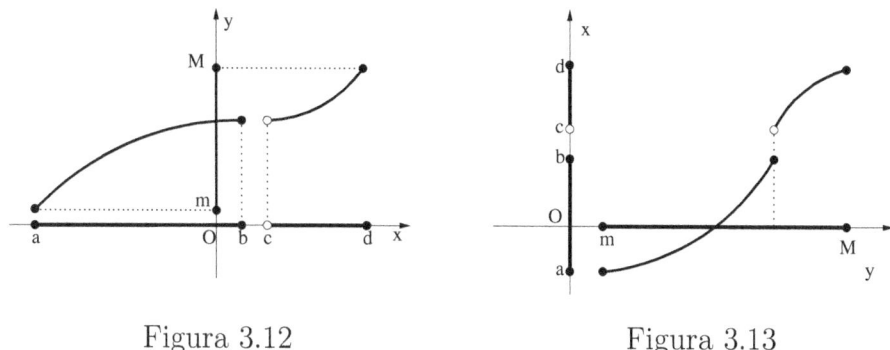

Figura 3.12   Figura 3.13

La continuità della funzione inversa f^{-1} si ha se e solo se il dominio della funzione f è un intervallo. È di questo che ci parla appunto il seguente teorema di cui non diamo la dimostrazione.

Teorema 3.8 *Data una funzione f di dominio A se:*

1. *A è un intervallo*

2. *f è continua*

3. *f è monotòna crescente o decrescente*

allora

  f è una funzione invertibile e la funzione inversa f^{-1} è continua.

Poiché le funzioni continue godono di tante proprietà interessanti, è naturale chiedersi quali sono le funzioni continue.

Andiamo a vedere!

3.6 Come si riconoscono le funzioni continue

Tenendo presente quanto abbiamo detto nel paragrafo 3.2, per riconoscere se una data funzione f di dominio A sia continua, basta provare che

$$\forall x_0 \in A \cap \partial A \text{ si ha } \lim_{x \to x_0} f(x) = f(x_0).$$

Tale metodo è però in generale scomodo a causa della operazione di limite che si deve effettuare. Vediamo allora di elaborare un metodo in cui non vi siano operazioni di limite da eseguire.

Il nuovo metodo poggia su alcuni teoremi che consentono di costruire funzioni continue a partire da funzioni continue.

Uno di questi teoremi è il *Teorema 3.8* che ci dice appunto sotto quali ipotesi una funzione continua ed invertibile f ha la funzione inversa f^{-1} continua.

Enunciamo gli altri!

Teorema 3.9 *Data una funzione f di dominio A, se f è continua*
   allora
   la funzione $|f|$ è anche essa continua.

Teorema 3.10 *Date due funzioni f e g aventi lo stesso dominio A, se f e g sono continue*
   allora
   le funzioni $f+g$, $f-g$, $g-f$, $f \cdot g$ sono anche esse continue.

Teorema 3.11 *Date due funzioni f e g aventi lo stesso dominio A tali da poter costruire la funzione $\frac{f}{g}$, cioè con $0 \notin g(A)$, se f e g sono continue*
   allora
   la funzione $\frac{f}{g}$ è anche essa continua.

Teorema 3.12 *Date due funzioni*

$$\begin{aligned} f &: u = f(x) \quad, x \in A \subseteq \mathbb{R} \subset \widetilde{\mathbb{R}} \\ g &: y = g(u) \quad, u \in f(A) \end{aligned}$$

§3.6 Come si riconoscono le funzioni continue

e costruita la funzione composta

$$g \circ f : y = (g \circ f)(x) = g[f(x)] \quad , x \in A \subseteq \mathbb{R} \subset \widetilde{\mathbb{R}}$$

se f e g sono continue
   allora
la funzione $g \circ f$ è anche essa continua.

In definitiva, tutti i teoremi enunciati si possono riassumere dicendo:

– ogni funzione costruita a partire da funzioni continue è una funzione continua.

Ma quali sono le funzioni continue a partire dalle quali, mediante l'applicazione dei teoremi enunciati, si possono costruire altre funzioni continue?

Sono le funzioni elementari elencate nel paragrafo 2.9.

Il metodo per riconoscere se una data funzione è continua, che volevamo elaborare, consiste allora nel fare questo:

Data una funzione $f : y = f(x), x \in A \subseteq \mathbb{R} \subset \widetilde{\mathbb{R}}$

1. *analizzare* le operazioni indicate nella "formula" che rappresenta la legge d'associazione della funzione e decidere se si tratta di una funzione somma, differenza, prodotto, quoziente, ecc ...; in altre parole individuare a partire da quali funzioni è stata costruita la funzione in istudio, cioè individuare le sue funzioni – mattone. Se queste ultime sono continue, la funzione data è sicuramente continua.

2. *constatare* se le funzioni – mattone sono continue. Lo sono, se stanno tra le funzioni elementari elencate o, a loro volta, sono costruite a partire da esse.

In pratica, poiché le funzioni che si incontrano sono quasi sempre costruite a partire dalle funzioni elementari elencate, concludiamo che esse sono quasi tutte funzioni continue.

Se chiamiamo allora *insieme di continuità* di una funzione, quel sottoinsieme del dominio A, costituito da tutti i punti di continuità della stessa, possiamo dire che quasi sempre l'*insieme di continuità* coincide con il *dominio A*.

Tutto questo non deve naturalmente farci pensare che funzioni con punti di discontinuità non si incontrino.

Diamo subito tre esempi di funzioni con punti di discontinuità.

Esempio 3.1

$$f : y = f(x) = \begin{cases} 0 & , x \in \mathbb{Q} \\ 1 & , x \in \mathbb{R} - \mathbb{Q} \end{cases} \quad \textit{(funzione di Dirichlet)}$$

Tutti i punti del suo dominio sono punti di discontinuità.

Esempio 3.2

$$f : y = f(x) = [x] \quad , x \in A = (-\infty, +\infty) \textit{(funzione parte intera)}$$

Tutti i punti $x \in \mathbb{Z}$ (insieme dei numeri interi relativi) sono punti di discontinuità.

Esempio 3.3

$$f : y = f(x) = \begin{cases} f_1(x) & , x \in (-\infty, x_0] \\ f_2(x) & , x \in (x_0, +\infty) \end{cases}$$

Il punto x_0 potrebbe essere oppure no punto di discontinuità per la funzione, sicuramente lo è se

$$\lim_{x \to x_0^+} f_2(x) \neq f_1(x_0).$$

Per terminare con le funzioni continue, ci resta da esaminare una proprietà posseduta solo da alcune di esse; si tratta dell'*uniforme continuità*.

3.7 Uniforme continuità di una funzione

Sappiamo che se una funzione f di dominio A è continua, fissato $\varepsilon > 0$, per ogni $x_0 \in A$ si può determinare un numero $\delta_\varepsilon > 0$ tale che costruito l'intorno $I(x_0, \delta_\varepsilon)$ del punto x_0, l'*oscillazione* della *restrizione* di f avente per dominio $I(x_0, \delta_\varepsilon) \cap A$ risulta minore di ε.

Il numero δ_ε dipende naturalmente dal numero ε che si è fissato, ma dipende anche dal punto x_0 considerato.

Ci poniamo allora il seguente problema:

– Fissato $\varepsilon > 0$, è possibile determinare un numero $\delta_\varepsilon > 0$ che possa servire per tutti i punti x_0 di A?

In altre parole: se x_0, x'_0, x''_0, ...sono differenti punti di A, è possibile trovare un $\delta_\varepsilon > 0$ tale che le *restrizioni* di f aventi per dominio rispettivamente:

$$I(x_0, \delta_\varepsilon) \cap A, \quad I(x'_0, \delta_\varepsilon) \cap A, \quad I(x''_0, \delta_\varepsilon) \cap A, \ldots$$

hanno tutte l'*oscillazione* minore di ε?

Se ciò è possibile, si dice che la funzione è *uniformemente continua* (nel suo dominio).

Tenendo presente il *Teorema 3.1* poniamo allora la seguente definizione di funzione uniformemente continua.

> *Definizione di uniforme continuità*
> **Una funzione continua f di dominio A è *uniformemente continua* se**
>
> $$\forall \varepsilon > 0 \; \exists \delta_\varepsilon > 0 \; (\textbf{indipendente da } x_0) : \forall x_1, x_2 \in A$$
> $$\textbf{con } |x_1 - x_2| < \delta_\varepsilon \textbf{ si ha } |f(x_1) - f(x_2)| < \varepsilon \quad (3.6)$$

Per renderci bene conto perché certe funzioni continue sono uniformemente continue ed altre no, dobbiamo riflettere un momento sulla prima definizione di funzione continua in un punto che abbiamo dato: definizione (3.1).

Fissato $\varepsilon > 0$ di intorni di x_0 che verificano la (3.1) ve ne sono infiniti.

Trovatone infatti uno: $I(x_0, \overline{\delta}_\varepsilon)$, ogni altro intorno di raggio minore di $\overline{\delta}_\varepsilon$ la verifica pure.

Consideriamo allora tutti i possibili intorni di x_0 che verificano la (3.1) e prendiamo in esame l'insieme numerico costituito dai loro raggi.

Tale insieme è costituito da soli numeri positivi ed ha un *estremo superiore* che denotiamo con $\delta_\varepsilon(x_0)$; quest'ultimo può essere *finito* o $+\infty$.

Data allora una funzione continua f di dominio A, qualunque sia il numero $\varepsilon > 0$ che si fissi, ad ogni punto $x_0 \in A$ resta collegato questo *estremo superiore* $\delta_\varepsilon(x_0)$ che varia in generale al variare di x_0 in A.

Se esiste un punto x_0 di A tale che $\delta_\varepsilon(x_0) = +\infty$ allora l'insieme $I(x_0, \delta_\varepsilon(x_0)) \cap A$ coincide con A e quindi senz'altro la funzione f è uniformemente continua perché la sua oscillazione è minore di ε in tutto A.

Se invece in corrispondenza ad ogni punto di $x_0 \in A$ risulta che $\delta_\varepsilon(x_0)$ è un numero, allora possiamo considerare la funzione:

$$\delta_\varepsilon : u = \delta_\varepsilon(x_0) \quad , x_0 \in A$$

il cui codominio è costituito da soli numeri positivi; l'estremo inferiore di $\delta_\varepsilon(A)$ può essere quindi maggiore o uguale a zero:

$$\inf \delta_\varepsilon(A) \geq 0.$$

Se l' inf $\delta_\varepsilon(A)$ è maggiore di zero allora la funzione f è uniformemente continua perché ogni $\delta \leq \inf \delta_\varepsilon(A)$ può essere assunto come raggio dell'intorno di x_0 che verifica la (3.6).

Se invece l'inf $\delta_\varepsilon(A)$ vale zero, non è possibile trovare un $\delta > 0$ che "vada bene" per ogni punto $x_0 \in A$ e pertanto la funzione non è uniformemente continua.

L'analisi fatta, oltre a farci comprendere perché ci sono funzioni continue che non sono uniformemente continue, ci consente anche di dare quest'altra definizione di funzione uniformemente continua, equivalente a quella già data:

Un'altra definizione di funzione uniformemente continua
Una funzione continua f di dominio A è uniformemente continua se, detto x_0 il generico punto di A,

§3.8 Riflessioni sul concetto di uniforme continuità ed esempi   169

> **comunque si fissi $\varepsilon > 0$ e costruita la funzione δ_ε : $u = \delta_\varepsilon(x_0)$, $x_0 \in A$, quest'ultima ha l'estremo inferiore positivo.**

Per dimostrare se un'assegnata funzione f è oppure no uniformemente continua ci si può servire indifferentemente dell'una o dell'altra definizione.

Prima di sperimentare però su esempi concreti le definizioni date, facciamo qualche riflessione sul concetto di uniforme continuità.

3.8 Riflessioni sul concetto di uniforme continuità ed esempi

Riflettendo su come siamo arrivati alle definizioni di funzione uniformemente continua, osserviamo che:

1. Mentre il concetto di continuità è un *concetto puntuale* (o *locale*), quello di uniforme continuità è un concetto *globale*[5].

2. Se una funzione è uniformemente continua è tale ogni sua restrizione.

3. Se una funzione ha una restrizione che non è uniformemente continua, sicuramente neanche essa lo è.

Dalla 2. segue che per dimostrare che una data funzione è uniformemente continua, basta dimostrare che è restrizione di una funzione che lo è.

Diamo ora un paio di esempi di applicazione dell'ultima definizione data di uniforme continuità.

Esempio 3.4 *Dire se la funzione $f : y = f(x) = \log x$, $x \in A = (0, +\infty)$ è oppure no uniformemente continua.*

---
[5]In matematica i concetti si distinguono in concetti locali (o puntuali) e concetti globali. Un esempio di concetto puntuale è la continuità; sono invece concetti globali: la limitatezza, la monotonia, l'uniforme continuità di una funzione, ecc. ...

Se non lo è, dire se ha delle restrizioni che lo sono.

La funzione f è continua e quindi a-priori può essere uniformemente continua oppure no.

Per constatare che cosa accade, utilizziamo la seconda delle definizioni date di uniforme continuità.

Sia x_0 il generico elemento di A; dobbiamo vedere se

$$\forall \varepsilon > 0, \ \exists \delta_\varepsilon > 0 \ (\text{indipendente da } x_0) \text{ tale che se } x \in (x_0-\delta_\varepsilon, x_0+\delta_\varepsilon) \cap A$$

allora $|\log x - \log x_0| < \varepsilon$.

Poiché

$$|\log x - \log x_0| = |\log \frac{x}{x_0}| < \varepsilon \Leftrightarrow -\varepsilon < \log \frac{x}{x_0} < \varepsilon \Leftrightarrow$$

$$\Leftrightarrow e^{-\varepsilon} < \frac{x}{x_0} < e^\varepsilon \quad \Leftrightarrow \quad x_0 \cdot e^{-\varepsilon} < x < x_0 \cdot e^\varepsilon.$$

allora, essendo $\quad x_0 \cdot e^{-\varepsilon} < x_0 \quad e \quad x_0 \cdot e^\varepsilon > x_0 \quad$, si ha:

$$\delta_\varepsilon(x_0) = \min\{x_0 - x_0 \cdot e^{-\varepsilon}, x_0 \cdot e^\varepsilon - x_0\} = x_0 \cdot \left(1 - \frac{1}{e^\varepsilon}\right).$$

La funzione f è uniformemente continua se l'estremo inferiore della funzione

$$\delta_\varepsilon : u = \delta_\varepsilon(x_0) = x_0 \cdot \left(1 - \frac{1}{e^\varepsilon}\right) \quad , x_0 \in A = (0, +\infty)$$

è maggiore di zero.

Poiché la funzione δ_ε è monotòna crescente, segue che il suo estremo inferiore è:

$$\inf \delta_\varepsilon(A) = \lim_{x_0 \to 0^+} x_0 \cdot \left(1 - \frac{1}{e^\varepsilon}\right) = 0 \cdot \left(1 - \frac{1}{e^\varepsilon}\right) = 0$$

quindi f non è uniformemente continua. Ogni sua restrizione di dominio $A' = [a, +\infty)$ con $a > 0$ invece lo è, perché:

$$\inf \delta_\varepsilon(A') = \lim_{x_0 \to a^+} x_0 \cdot \left(1 - \frac{1}{e^\varepsilon}\right) = a \cdot \left(1 - \frac{1}{e^\varepsilon}\right) > 0.$$

§3.8 Riflessioni sul concetto di uniforme continuità ed esempi   171

Esempio 3.5 *Dire se la funzione $f : y = f(x) = \frac{1}{x}$, $x \in A = (0, +\infty)$ è oppure no uniformemente continua.*
Se non lo è, dire se ha delle restrizioni che lo sono.

Anche qui si tratta di una funzione continua e quindi a priori può essere uniformemente continua oppure no.
Per constatare che cosa accade, utilizziamo anche in questo esempio la seconda delle definizioni date di uniforme continuità. Sia allora x_0 il generico elemento di A; dobbiamo vedere se

$\forall \varepsilon > 0$, $\exists \delta_\varepsilon > 0$ *(indipendente da x_0) tale che se $x \in (x_0 - \delta_\varepsilon, x_0 + \delta_\varepsilon) \cap A$*

allora $|\frac{1}{x} - \frac{1}{x_0}| < \varepsilon$.
Poiché

$$\left|\frac{1}{x} - \frac{1}{x_0}\right| < \varepsilon \iff -\varepsilon < \frac{1}{x} - \frac{1}{x_0} < \varepsilon \iff \frac{1}{x_0} - \varepsilon < \frac{1}{x} < \frac{1}{x_0} + \varepsilon. \quad (3.7)$$

Se è $\frac{1}{x_0} - \varepsilon \leq 0$ cioè se è $\varepsilon \geq \frac{1}{x_0}$ allora la diseguaglianza di sinistra è verificata per ogni $x \in A$ mentre quella di destra, solo per gli $x > \frac{x_0}{1+\varepsilon x_0}$. Siccome $\frac{x_0}{1+\varepsilon x_0}$ è minore di x_0 concludiamo che in questo caso $\delta_\varepsilon(x_0)$ è:

$$\delta_\varepsilon(x_0) = x_0 - \frac{x_0}{1 + \varepsilon x_0} = \frac{\varepsilon x_0^2}{1 + \varepsilon x_0}.$$

Se invece è $\frac{1}{x_0} - \varepsilon > 0$ cioè se è $\varepsilon < \frac{1}{x_0}$ allora dalla (3.7) che può essere scritta cosí

$$\frac{1 - \varepsilon x_0}{x_0} < \frac{1}{x} < \frac{1 + \varepsilon x_0}{x_0}$$

segue che

$$\frac{x_0}{1 + \varepsilon x_0} < x < \frac{x_0}{1 - \varepsilon x_0} \quad .$$

Poiché risulta

$$\frac{x_0}{1 + \varepsilon x_0} < x_0 \quad e \quad \frac{x_0}{1 - \varepsilon x_0} > x_0$$

si ha

$$\delta_\varepsilon(x_0) = \min\{x_0 - \frac{x_0}{1 + \varepsilon x_0}, \frac{x_0}{1 - \varepsilon x_0} - x_0\} = \frac{\varepsilon x_0^2}{1 + \varepsilon x_0}$$

Conclusione

$$\forall \varepsilon > 0 \quad \text{si ha} \quad \delta_\varepsilon(x_0) = \frac{\varepsilon x_0^2}{1 + \varepsilon x_0}$$

La funzione f è uniformemente continua se l'estremo inferiore della funzione

$$\delta_\varepsilon : u = \delta_\varepsilon(x_0) = \frac{\varepsilon x_0^2}{1 + \varepsilon x_0} \quad , x_0 \in A = (0, +\infty)$$

è maggiore di zero.

Poiché la funzione δ_ε è monotona crescente, come si vede rappresentando la sua legge d'associazione per mezzo di quest'altra "formula"

$$\delta_\varepsilon(x_0) = \frac{\varepsilon}{\frac{1}{x_0^2} + \frac{\varepsilon}{x_0}} \quad ,$$

il suo estremo inferiore è:

$$\inf \delta_\varepsilon(A) = \lim_{x_0 \to 0^+} \frac{\varepsilon x_0^2}{1 + \varepsilon x_0} = 0$$

quindi la f non è uniformemente continua. Ogni sua restrizione di dominio $A' = [a, +\infty)$ con $a > 0$ invece lo è perché

$$\inf \delta_\varepsilon(A) = \lim_{x_0 \to a^+} \frac{\varepsilon x_0^2}{1 + \varepsilon x_0} = \frac{e \cdot a^2}{1 + \varepsilon \cdot a} > 0.$$

La verifica diretta dell'uniforme continuità di una funzione è in generale difficile per cui si pone la necessità di elaborare dei teoremi che, sotto opportune ipotesi, ci consentano di decidere se una data funzione continua è uniformemente continua oppure no.

Prima di elencare tali teoremi, al fine di snellire l'enunciato di alcuni di essi, occupiamoci degli *asintoti orizzontali ed obliqui* del diagramma cartesiano e diciamo che cosa sono le funzioni *lipschitziane ed hölderiane*.

3.9 Asintoti orizzontali ed obliqui

Sappiamo dalle scuole superiori che:

- Data una retta r di equazione $ax+by+c = 0$ ed un punto $P_0(x_0, y_0)$, la distanza che P_0 ha da r si denota con il simbolo $d(P_0, r)$ e si calcola con la "formula":

$$d(P_0, r) = \frac{|ax_0 + by_0 + c|}{\sqrt{a^2 + b^2}}. \qquad (3.8)$$

Sappiamo pure che data una funzione f di dominio A illimitato superiormente, ha senso effettuare l'operazione di limite

$$\lim_{x \to +\infty} f(x)$$

e che, se il limite esiste, può essere:

$$\lim_{x \to +\infty} f(x) = \begin{cases} l \in \mathbb{R} \\ +\infty \\ -\infty \end{cases}$$

Quando si verifica la prima situazione i punti $x \in A$ e "vicini" a $+\infty$ hanno le immagini $f(x)$ "vicine" a l.

Questo vuol dire che il limite per $x \to +\infty$ della distanza che il punto $P(x, f(x))$ del diagramma ha dalla retta r di equazione $y = l$, vale zero. Per la (3.8) si ha infatti $d(P, r) = |f(x) - l|$ ed inoltre

$$\lim_{x \to +\infty} d(P, r) = \lim_{x \to +\infty} |f(x) - l| = |l - l| = 0.$$

La retta r di equazione $y = l$ si chiama *asintoto orizzontale* per $x \to +\infty$ del diagramma cartesiano della funzione.

Se si verifica invece la seconda o la terza situazione, i punti x "vicini" a $+\infty$ hanno le immagini $f(x)$ "vicine" rispettivamente a $+\infty$ ed a $-\infty$, quindi il punto $P(x, f(x))$ del diagramma (per $x \to +\infty$) si allontana dal punto $O(0,0)$: in alto a destra se si verifica la seconda situazione, in basso sempre a destra, se si verifica la terza.

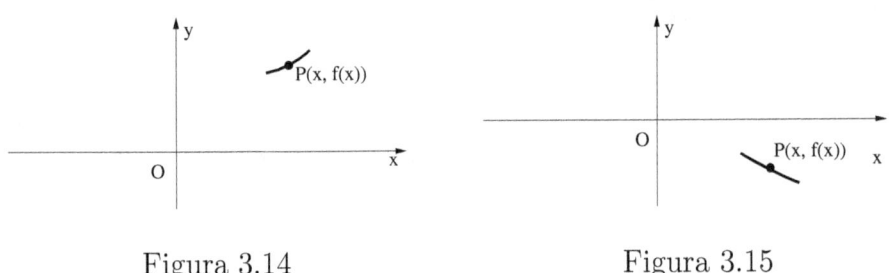

Figura 3.14 　　　　　　　　　Figura 3.15

In questi casi esisterà una retta r di equazione $y = mx + n$ tale che la distanza $d(P, r)$ che il punto $P(x, f(x))$ ha da essa, ha per limite zero se $x \to +\infty$? Tenendo conto della (3.8) tale domanda può essere formalizzata così:

– esisterà una retta r di equazione $y = mx + n$ tale che

$$\lim_{x \to +\infty} \frac{|mx - f(x) + n|}{\sqrt{1 + m^2}} = 0$$

o, il che è lo stesso:

$$\lim_{x \to +\infty} (mx - f(x) + n) = 0 \quad ? \tag{3.9}$$

Se una tale retta esiste, essa prende il nome di *asintoto obliquo* per $x \to +\infty$ del diagramma della funzione.

La risposta a questa domanda ce la dà il seguente teorema.

Teorema 3.13 *Data una funzione f di dominio A illimitato superiormente, condizione necessaria e sufficiente affinché esista l'asintoto obliquo di equazione $y = mx + n$ per $x \to +\infty$ del diagramma cartesiano della funzione è che esistano finiti i limiti:*

$$\lim_{x \to +\infty} \frac{f(x)}{x} = m \quad e \quad \lim_{x \to +\infty} (f(x) - mx) = n \tag{3.10}$$

§3.9 Asintoti orizzontali ed obliqui

Dimostrazione

Necessità Poiché per ipotesi l'asintoto obliquo esiste, è verificata la (3.9) e quindi a maggior ragione si ha:

$$\lim_{x\to+\infty} \frac{mx - f(x) + n}{x} = \lim_{x\to+\infty} \left(m - \frac{f(x)}{x} + \frac{n}{x}\right) = 0$$

da cui segue

$$\lim_{x\to+\infty} \frac{f(x)}{x} = m$$

cioè la prima delle (3.10).

Sostituito poi il valore di m in tal modo calcolato nella (3.9), da essa segue la seconda delle (3.10).

Sufficienza Le (3.10) costituiscono le ipotesi e la (3.9) è la tesi.

La prima delle (3.10) può anche essere scritta cosí :

$$\lim_{x\to+\infty} \left(\frac{f(x)}{x} - m\right) = 0$$

Denotiamo con ω_1 la funzione su cui abbiamo effettuato l'ultima operazione di limite; essa ha per dominio $A' = A - \{0\}$ ed è *infinitesima* per $x \to +\infty$:

$$\omega_1 : y = \omega_1(x) = \frac{f(x)}{x} - m \quad , x \in A' = A - \{0\} \qquad (3.11)$$

La (3.11) permette di scrivere:

$$m = \frac{f(x)}{x} - \omega_1(x) \qquad (3.12)$$

La seconda delle (3.10) può essere scritta cosí:

$$\lim_{x\to+\infty} (f(x) - mx - n) = 0.$$

Denotiamo con ω_2 la funzione su cui abbiamo effettuato l'ultima operazione di limite;tale funzione ha per dominio A ed è anche essa *infinitesima* per $x \to +\infty$:

$$\omega_2 : y = \omega_2(x) = f(x) - mx - n \quad , x \in A \qquad (3.13)$$

La (3.13) permette di scrivere:

$$n = f(x) - mx - \omega_2(x). \qquad (3.14)$$

Tenendo poi conto della (3.12), la (3.14) diviene:

$$n = f(x) - \left(\frac{f(x)}{x} - \omega_1(x)\right) \cdot x - \omega_2(x) = \omega_1(x) \cdot x - \omega_2(x) \quad (3.14')$$

Per la (3.11) e (3.14') il primo membro della (3.9) diviene:

$$\lim_{x \to +\infty} \left[\left(\frac{f(x)}{x} - \omega_1(x)\right) \cdot x - f(x) + (\omega_1(x) \cdot x - \omega_2(x))\right] = \lim_{x \to +\infty} (-\omega_2(x))$$

ed ha per limite zero perché la funzione ω_2 è infinitesima per $x \to +\infty$.

Concludendo: nella dimostrazione della sufficienza abbiamo fatto vedere che i numeri m ed n calcolati con la (3.10) verificano la (3.9) quindi la retta di equazione $y = mx+n$ è effettivamente un asintoto per il diagramma della funzione.

c.v.d.

Osserviamo che quanto abbiamo detto circa l'esistenza dell'asintoto orizzontale oppure obliquo per il diagramma di una funzione il cui dominio A è illimitato superiormente, può ripetersi se il dominio A è illimitato inferiormente con l'unica variante che le operazioni di limite vanno eseguite per $x \to -\infty$.

Andiamo ora a parlare delle funzioni lipschitziane ed hölderiane.

3.10 Funzioni lipschitziane ed hölderiane

Diamo subito le definizioni!

Definizione di funzione lipschitziana e hölderiana
Una funzione f avente per dominio un intervallo I, si dice che è una funzione *lipschitziana* se esiste un numero $L > 0$ tale che:

$$\forall x_1, x_2 \in I \text{ si ha } |f(x_1) - f(x_2)| \leq L \cdot |x_1 - x_2|$$

Una funzione f avente per dominio un intervallo I, si dice che è una *funzione hölderiana di esponente* α oppure che è una *funzione α-hölderiana* se esistono un numero $\alpha \in (0, 1]$ ed un numero $L > 0$ tali che:

$$\forall x_1, x_2 \in I \text{ si ha } |f(x_1) - f(x_2)| \leq L \cdot |x_1 - x_2|^\alpha$$

Dalle definizioni date segue che le funzioni lipschitziane non sono altro che le funzioni hölderiane con $\alpha = 1$ per cui nel futuro parleremo solo di funzioni hölderiane.

Per ora vogliamo osservare che la hölderianità è una proprietà globale della funzione al pari della uniforme continuità.

Ciò premesso, elenchiamo alcuni teoremi che ci consentono di costruire funzioni uniformemente continue a partire da funzioni uniformemente continue.

3.11 Teoremi utili per constatare l'uniforme continuità di una funzione

Per brevità dei teoremi che elencheremo non daremo le dimostrazioni che lo Studente interessato può trovare in molti testi di Analisi Matematica.

Teorema 3.14 *Data una funzione f di dominio A, se essa è uniformemente continua, allora anche la funzione $-f$ lo è.*

Teorema 3.15 *Date due funzioni f e g di dominio A, se esse sono uniformemente continue, allora anche la funzione $f + g$ lo è.*

Teorema 3.16 *Date due funzioni f e g di dominio A, se:*

1. *entrambe sono uniformemente continue*

2. *entrambe sono limitate*

allora
    anche la funzione $f \cdot g$ è uniformemente continua.

Teorema 3.17 *Date due funzioni f e g di dominio A, tali da poter costruire la funzione $\frac{f}{g}$, se:*

1. *entrambe sono uniformemente continue*

2. *f e $\frac{1}{g}$ sono entrambe limitate*

allora
    anche la funzione $\frac{f}{g}$ è uniformemente continua.

Teorema 3.18 *Date due funzioni f e g di dominio A, tali da poter costruire la funzione composta $g \circ f$, se esse sono uniformemente continue, allora anche la funzione $g \circ f$ lo è.*

Enunciamo infine altri teoremi le cui ipotesi costituiscono condizioni necessarie e sufficienti, sufficienti (ma non necessarie), necessarie (ma non sufficienti) di uniforme continuità.

Teorema 3.19 *Data una funzione f avente per dominio un intervallo I, condizione necessaria e sufficiente affinché essa sia uniformemente continua è che:*

- *comunque si scelgano due successioni $\{x_n\}$ e $\{y_n\}$ aventi il codominio in I tali che $\lim_{n \to +\infty} (x_n - y_n) = 0$ risulti $\lim_{n \to +\infty} (f(x_n) - f(y_n)) = 0$.*

§3.11 Teoremi utili per l'uniforme continuità di una funzione 179

SI intuisce come tale teorema sia utile per dimostrare che una data funzione non è uniformemente continua.

Basta infatti trovare due successioni $\{x_n\}$ e $\{y_n\}$ aventi il codominio nel dominio della funzione, tali che la successione $\{x_n - y_n\}$ è infinitesima mentre non lo è la successione $\{f(x_n) - f(y_n)\}$.

In sede di esercizi sperimenteremo la sua efficacia.

Diamo intanto alcuni teoremi le cui ipotesi costituiscono condizioni solo sufficienti di uniforme continuità.

Cominciamo con il più famoso di essi: il *Teorema di Heine - Cantor*

Teorema 3.20 - *Teorema di Heine - Cantor*

Data una funzione f di dominio A, se:

1. *A è un insieme chiuso e limitato*

2. *f è continua*

allora
f è una funzione uniformemente continua.

Teorema 3.21 *Data una funzione f di dominio $A = (-\infty, +\infty)$, se:*

1. *f è periodica di un periodo $T > 0$*

2. *f è continua*

allora
f è una funzione uniformemente continua.

Teorema 3.22 *Data una funzione f di dominio $A = [a, +\infty)$, se:*

1. *$\lim\limits_{x \to +\infty} f(x) = l \in \mathbb{R}$ cioè il suo diagramma è dotato di asintoto orizzontale per $x \to +\infty$*

2. *f è continua*

allora
f è una funzione uniformemente continua.

Un teorema analogo si ha ovviamente se è $A = (-\infty, a]$

Teorema 3.23 *Data una funzione f di dominio $A = [a, +\infty)$, se:*

1. *il diagramma della funzione ha l'asintoto obliquo per $x \to +\infty$*

2. *f è continua*

allora
f è una funzione uniformemente continua.

Anche in questo caso un teorema analogo si ha se è $A = (-\infty, a]$

Teorema 3.24 *Data una funzione f di dominio A, se:*

1. *A è un intervallo*

2. *f è α-hölderiana*

allora
f è una funzione uniformemente continua.

Diamo ora un teorema le cui ipotesi costituiscono una *condizione sufficiente* affinché una funzione non sia uniformemente continua.

Teorema 3.25 *Data una funzione f di dominio $A = [0, +\infty)$, se:*

$$\lim_{x \to +\infty} \frac{|f(x)|}{x} = +\infty$$

allora
la funzione f non è uniformemente continua.

Tale teorema in sostanza afferma che se una funzione f è un infinito per $x \to +\infty$ di ordine superiore rispetto all'infinito campione $\varphi(x) = x$, $x \in A = [a, +\infty)$, sicuramente essa non è uniformemente continua.

È inutile dire che un teorema analogo si ha per $A = (-\infty, a]$.

Per terminare diamo un ultimo teorema la cui tesi è una condizione (solo) necessaria di uniforme continuità.

§3.12 Schema per disegnare i diagrammi delle funzioni

Teorema 3.26 *Data una funzione f di dominio A, se:*

I. A è un intervallo limitato

II. f è uniformemente continua

allora
   f è una funzione limitata

In virtù di tale teorema, tutte le volte che abbiamo una funzione avente qualche punto d'infinito, possiamo concludere senza ulteriori indagini, che siamo in presenza di una funzione non uniformemente continua.

In sede di esercizi prenderemo mano con l'uso dei teoremi elencati.

Abbiamo insistito sull'uniforme continuità delle funzioni perché di essa avremo bisogno nel libro "Integrazioni di funzioni reali di una variabile reale".

Per terminare vogliamo vedere fino a che punto le proprietà di una funzione, scoperte mediante l'operazione di limite, ci consentono di andare avanti nella costruzione del suo diagramma cartesiano.

3.12 Schema orientativo di come disegnare i diagrammi cartesiani delle funzioni

Data una "formula" $y = \cdots$, per disegnare il diagramma della funzione la cui legge d'associazione f è da essa rappresentata, conviene procedere cosí:

1. Costruire la funzione

$$f : y = f(x) = \cdots \quad , x \in A = \{x \in \mathbb{R} : \ldots\};$$

   è consigliabile rappresentare il dominio A, se non è un intervallo, come unione di intervalli per mettere in risalto i punti singolari di f che non sono punti di discontinuità.

2. Constatare se f è *pari, dispari o periodica*

   Se f è pari o dispari, studiarne la *restrizione* di dominio $A' = A \cap [0, +\infty)$; una volta disegnato il diagramma di quest'ultima, per ottenere il diagramma di f basta completarlo sfruttando la simmetria rispetto all'asse y o rispetto all'origine O.

   Se invece f è periodica, detto T il suo periodo, studiarne la *restrizione* di dominio $A' = A \cap [x_0, x_0 + T)$ ove x_0 è un punto di $\mathbb{R}$ scelto ad arbitrio; una volta disegnato il diagramma di quest'ultima, per ottenere il diagramma di f basta completarlo facendone la traslazione lungo l'asse delle x.

   Se f non è né pari, né dispari, né periodica occorre studiarla tutta.

3. Constatare se f è continua; se non lo è, dire quali sono i suoi *punti di discontinuità*

4. Dire quali sono i suoi *punti singolari*

5. Studiare i *punti singolari* e disegnare gli asintoti verticali se ci sono

6. Se il dominio A è illimitato, ad esempio superiormente, effettuare l'operazione di limite $\lim_{x \to +\infty} f(x)$

   Se il limite esiste ed è un numero l, la retta d'equazione $y = l$ è *asintoto orizzontale* per $x \to +\infty$; disegnarlo. Se invece il limite esiste ed è $\pm\infty$, vedere se esiste l'*asintoto obliquo* per $x \to +\infty$. Quest'ultimo esiste e la sua equazione è $y = mx + n$ se esistono finiti i due limiti:

   $$m = \lim_{x \to +\infty} \frac{f(x)}{x}; \quad n = \lim_{x \to +\infty} [f(x) - mx]$$

   Se il dominio A è illimitato inferiormente, ripetere le stesse operazioni di limite per $x \to -\infty$.

Sperimentiamo tutto questo su alcuni esempi.

§3.12 Schema per disegnare i diagrammi delle funzioni

Esempio 3.6 *Disegnare il diagramma della funzione la cui legge d'associazione f è rappresentata dalla formula:*

$$y = \frac{x}{\log x}$$

Lasciamoci orientare dallo schema!

1. $f : y = f(x) = \frac{x}{\log x}, \quad x \in A = \{x \in \mathbb{R} : x > 0; \log x \neq 0\} =$
   $= \{x \in \mathbb{R} : x > 0; x \neq 1\} = (0,1) \cup (1,+\infty)$

2. f non è né pari, né dispari, né periodica, quindi occorre studiarla tutta

3. f è continua perché rapporto di funzioni continue, quindi non ha punti di discontinuità

4. f ha due punti singolari: $x_0 = 0$ e $x_1 = 1$

5. Studio dei punti singolari.

   Studio del punto $x_0 = 0$

   $$\lim_{x \to 0} f(x) = \lim_{x \to 0^+} \frac{x}{\log x} = 0;$$

   il punto $x_0 = 0$ é un punto singolare eliminabile e pertanto il diagramma inizia dal punto $P_0(0,0)$ senza peró che quest'ultimo ne faccia parte.

   Per visualizzare tale circostanza, rappresentiamo nel piano cartesiano il punto $P_0(0,0)$ con un "cerchietto".

   Studio del punto $x_1 = 1$

   $$\lim_{x \to 1^-} f(x) = \lim_{x \to 1^-} \frac{x}{\log x} = -\infty$$

   e

   $$\lim_{x \to 1^+} f(x) = \lim_{x \to 1^+} \frac{x}{\log x} = +\infty$$

il punto $x_1 = 1$ è un punto singolare non eliminabile; si tratta di un punto d'infinito; la retta d'equazione $x = 1$ è asintoto verticale.

Disegnamo tale retta sul piano cartesiano e per visualizzare il fatto che i punti $x \in A$ "vicini" a $x_1 = 1$ hanno le immagini $f(x)$ rispettivamente "vicine" a $-\infty$ ed a $+\infty$, disegnamo due archetti "vicini" all'asintoto: l'uno in basso a sinistra e l'altro in alto a destra.

6. *Poiché il dominio A è illimitato superiormente, facciamo l'operazione di limite:*

$$\lim_{x \to +\infty} f(x) = \lim_{x \to +\infty} \frac{x}{\log x} = +\infty \quad ;$$

non c'è quindi l'asintoto orizzontale per $x \to +\infty$; vediamo se c'è quello obliquo:

$$m = \lim_{x \to +\infty} \frac{f(x)}{x} = \lim_{x \to +\infty} \frac{1}{\log x} = 0;$$

non c'è neanche quello obliquo, perché ovviamente

$$n = \lim_{x \to +\infty} [f(x) - mx] = \lim_{x \to +\infty} \left[\frac{x}{\log x} - 0 \cdot x\right] = +\infty \quad .$$

Per visualizzare il fatto che i punti $x \in A$ "vicini" a $+\infty$ hanno le immagini $f(x)$ "vicine" a $+\infty$, disegnamo sul piano cartesiano un archetto in alto a destra.

§3.12 Schema per disegnare i diagrammi delle funzioni

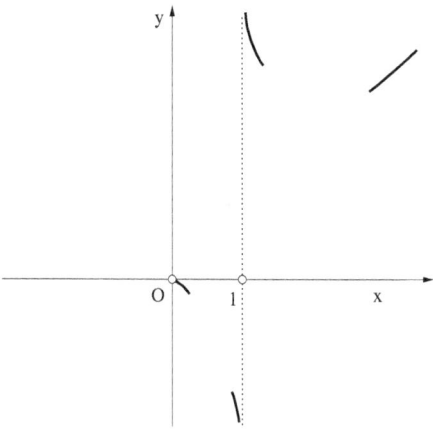

Figura 3.16

La continuità della funzione ci dice poi che i diagrammi delle sue restrizioni di dominio $(0,1)$ e $(1,+\infty)$ non presentano interruzioni.

L'operazione di limite non ci dá ulteriori informazioni; per disegnare i diagrammi (qualitativi) delle restrizioni suddette servono ulteriori informazioni; queste ultime ce le fornirà l'operazione di derivazione di cui parleremo nel libro "Derivabilità, diagrammi e formula di Taylor".

Esempio 3.7 *Disegnare il diagramma della funzione la cui legge d'associazione f è rappresentata dalla formula:*

$$y = e^{\frac{1}{x}}$$

Anche in questo caso seguiamo lo schema.

1. $f : y = f(x) = e^{\frac{1}{x}}, \ x \in A = \{x \in \mathbb{R} : x \neq 0\} = (-\infty, 0) \cup (0, +\infty)$

2. *Sebbene il dominio sia simmetrico rispetto a zero, tuttavia si ha $f(-x) \neq f(x)$ e $f(-x) \neq -f(x)$ pertanto f non è né pari né dispari; siccome non è neppure periodica occorre studiarla tutta.*

3. *f è continua perché funzione composta di funzioni continue, quindi non ha punti di discontinuità.*

4. f ha $x_0 = 0$ come unico punto singolare

5. Studio del punto singolare $x_0 = 0$:

$$\lim_{x \to 0^-} f(x) = \lim_{x \to 0^-} e^{\frac{1}{x}} = 0;$$

e

$$\lim_{x \to 0^+} f(x) = \lim_{x \to 0^+} e^{\frac{1}{x}} = +\infty$$

il punto $x_0 = 0$ è un punto singolare non eliminabile; si tratta di un punto d'infinito; la retta d'equazione $x = 0$ è asintoto verticale.

6. Poiché il dominio A è illimitato sia superiormente che inferiormente, facciamo le operazioni di limite per $x \to \pm\infty$; si ha:

$$\lim_{x \to +\infty} f(x) = \lim_{x \to +\infty} y = e^{\frac{1}{x}} = 1$$

e

$$\lim_{x \to -\infty} f(x) = \lim_{x \to -\infty} y = e^{\frac{1}{x}} = 1 \quad;$$

poiché i due limiti sono finiti e uguali tra loro, la retta d'equazione $y = 1$ è asintoto orizzontale sia per $x \to +\infty$ che per $x \to -\infty$.

Riportiamo tutte le informazioni raccolte in un disegno del piano cartesiano; si ha:

§3.12 Schema per disegnare i diagrammi delle funzioni

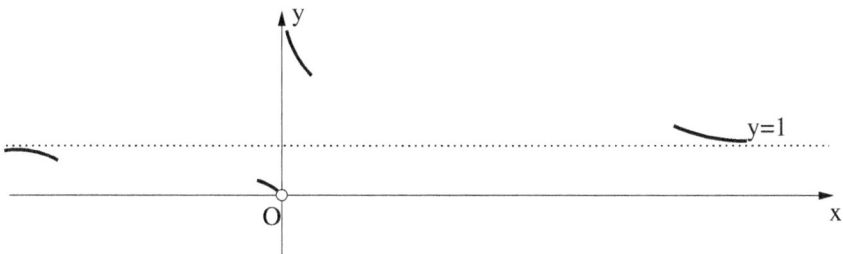

Figura 3.17

La continuità della funzione ci dice poi che i diagrammi nelle restrizioni di dominio $(-\infty, 0)$ e $(0, +\infty)$ non presentano interruzioni.

Esempio 3.8 *Disegnare il diagramma della funzione la cui legge d'associazione f è rappresentata dalla formula:*

$$y = \arctan \frac{x-1}{x+1}$$

Seguiamo lo schema!

1. $f : y = f(x) = \arctan \frac{x-1}{x+1}, \quad x \in A = \{x \in \mathbb{R} : x+1 \neq 0\} = \\ = (-\infty, -1) \cup (-1, +\infty)$

2. f non è né pari, né dispari, né periodica quindi bisogna studiarla tutta

3. f è continua perché funzione composta di funzioni continue quindi non ha punti di discontinuità

4. f ha $x_0 = -1$ come suo unico punto singolare

5. Studio del punto singolare $x_0 = -1$

$$\lim_{x \to -1^-} f(x) = \lim_{x \to -1^-} \arctan \frac{x-1}{x+1} = \frac{\pi}{2}$$

e

$$\lim_{x \to -1^+} f(x) = \lim_{x \to -1^+} \arctan \frac{x-1}{x+1} = -\frac{\pi}{2}$$

il punto $x_0 = -1$ è punto singolare non eliminabile; si tratta di un punto di discontinuità di 1^a specie.

6. *Poichè il dominio A è illimitato sia superiormente che inferiormente, facciamo le operazioni di limite per $x \to \pm\infty$; si ha:*

$$\lim_{x \to +\infty} f(x) = \lim_{x \to +\infty} \arctan \frac{x-1}{x+1} = \arctan 1 = \frac{\pi}{4}$$

$$\lim_{x \to -\infty} f(x) = \lim_{x \to -\infty} \arctan \frac{x-1}{x+1} = \arctan 1 = \frac{\pi}{4}$$

poiché i due limiti sono finiti ed uguali tra loro, la retta d'equazione $y = \frac{\pi}{4}$ é asintoto orizzontale sia per $x \to +\infty$ che per $x \to -\infty$

Anche di questo esempio riportiamo tutte le informazioni raccolte in un disegno del piano cartesiano:

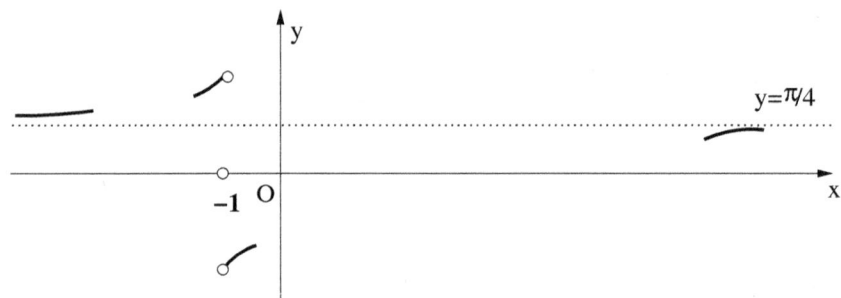

Figura 3.18

Anche qui la continuità della funzione ci dice che i diagrammi delle restrizioni di dominio $(-\infty, -1)$ e $(-1, +\infty)$ non presentano interruzioni.

§3.12 *Schema per disegnare i diagrammi delle funzioni*

Finalmente questo nostro lavoro è finito!

Ci auguriamo di essere stati abbastanza chiari! Nel prossimo libro della collana completeremo quanto abbiamo detto a riguardo dell'operazione di limite e forniremo allo Studente gli strumenti che mancano per completare i diagrammi (cartesiani) delle funzioni.

Ora esortiamo lo Studente a risolvere gli esercizi che trova qui di seguito proposti.

Esercizi sugli argomenti trattati nel Capitolo 3

Quesiti su continuità e punti singolari

Se lo Studente incontrerà delle difficoltà a rispondere ai quesiti posti, gli consigliamo di rileggere molto attentamente la teoria e di discutere poi i concetti trattati con qualche compagno.

Data una funzione $f : y = f(x), \quad x \in A \subseteq \mathbb{R} \subset \widetilde{\mathbb{R}}$, dire quali delle seguenti affermazioni sono vere e quali false:

1. Se f è una funzione continua allora sono tali tutte le sue restrizioni.

2. Se x_0 è un punto isolato di A allora la funzione è continua in esso.

3. Se A è costituito esclusivamente da punti isolati allora la funzione è continua.

4. Se A è costituito esclusivamente da punti isolati allora la funzione può avere qualche punto singolare.

5. Se è $A = [a, b]$ e la funzione è continua allora il suo codominio $f(A)$ è limitato e ad esso appartengono i suoi estremi.

6. Se f non verifica le ipotesi del *Teorema di Weierstrass* allora sicuramente non ha né minimo né massimo assoluto.

7. Se f è continua ed $A = (a, b]$ allora il suo codominio può essere illimitato.

8. Se f è continua ed $A = (a, b]$ allora il suo codominio può essere limitato.

9. Se $A = [a, b]$ e $f(A)$ è illimitato allora sicuramente f ha per lo meno un punto di discontinuità.

10. Se $A = [a, b)$ e la funzione è continua e limitata allora sicuramente $x_0 = b$ è un punto singolare eliminabile.

11. Se il diagramma cartesiano di f ha qualche asintoto verticale allora sicuramente f è illimitata.

12. Se f non ha punti singolari allora il suo diagramma cartesiano non può avere asintoti verticali.

13. Se f ha punti singolari allora non è detto che il suo diagramma cartesiano abbia asintoti verticali.

14. Se $A = (0, +\infty)$, la funzione f è continua e $\lim_{x \to +\infty} f(x) = l \in \mathbb{R}$ allora sicuramente $f(A)$ è limitato.

15. Se il diagramma cartesiano di f ha un asintoto obliquo allora sicuramente $f(A)$ è illimitato.

16. Se $A = [0, +\infty)$ e f è continua ed illimitata allora sicuramente il suo diagramma cartesiano ha l'asintoto obliquo per $x \to +\infty$.

17. Se f non verifica le ipotesi del *Teorema di esistenza degli zeri* allora sicuramente non esiste alcun punto $x_0 \in A$ tale che $f(x_0) = 0$.

18. Se $A = (-\infty, +\infty)$, f è continua, $\lim_{x \to -\infty} f(x) = 5$ e $\lim_{x \to +\infty} f(x) = -7$ allora sicuramente esiste almeno un punto $x_0 \in A$ tale che $f(x_0) = 0$.

19. Se $A = (-\infty, +\infty)$, f è continua, $\lim_{x \to -\infty} f(x) = +\infty$ e $\lim_{x \to +\infty} f(x) = 5$ allora può accadere che esista qualche punto $x_0 \in A$ tale che $f(x_0) = 0$.

20. Se $A = [0, 10]$ e f è continua allora può accadere che $f(A)$ sia costituito esclusivamente da numeri razionali.

21. Se f è la *funzione parte intera* allora tutti i suoi punti di discontinuità sono punti di discontinuità di prima specie.

22. Se f è la *funzione parte intera* allora essa è continua a destra in ogni punto del suo dominio.

A titolo di esempio rispondiamo ai quesiti 4., 9., 10., 18., 20..

Quesito 4.
L'affermazione è vera; se il dominio è ad esempio $A = \{x_n \in \mathbb{R} : x_n = \frac{1}{n},\ n \in \mathbb{N}\}$, il punto $x_0 = 0$ è punto di accumulazione per A e non appartiene ad A quindi è un punto singolare per la funzione.

Quesito 9.
L'affermazione è vera; se la funzione non avesse qualche punto di discontinuità sarebbe continua ed allora per il *Teorema di Weierstrass* sarebbe limitata.

Quesito 10.
L'affermazione è falsa; basta pensare alla funzione

$$f : y = f(x) = \sin \frac{1}{x-1}, \quad x \in A = [0, 1).$$

Tale funzione è continua perché funzione composta di funzioni continue; limitata perché è limitata la seconda funzione componente eppure $\nexists \lim_{x \to 1} f(x)$ quindi il punto $x_0 = 1$ è un punto singolare non eliminabile.

Quesito 18.
L'affermazione è vera. Dal fatto che $\lim_{x \to -\infty} f(x) = 5$ segue che esiste un numero $a < 0$ tale che $f(a) > 0$; dal fatto che $\lim_{x \to +\infty} f(x) = -7$ segue

che esiste un numero $b > 0$ tale che $f(b) < 0$. Poiché la restrizione di f di dominio $[a, b]$ verifica le ipotesi del *Teorema di esistenza degli zeri* esiste almeno un punto $x_0 \in (a, b)$ tale che $f(x_0) = 0$.

Quesito 20.
L'affermazione è falsa. Poiché la funzione verifica l'ipotesi del *Teorema 3.6* (teorema dei valori intermedi) il suo codominio è un intervallo chiuso e limitato ed in ogni intervallo vi sono sia numeri razionali che irrazionali.

Esercizi su continuità e punti singolari

Esercizio 3.1 *Data la funzione*

$$f : y = f(x) = \begin{cases} x \cdot \sin \frac{1}{x} & , x \in (-\infty, 0) \cup (0, +\infty) \\ 0 & , x = 0 \end{cases}$$

dire se essa è continua nel punto $x_0 = 0$.

Esercizio 3.2 *Data la funzione*

$$f : y = f(x) = \begin{cases} \frac{1 - e^x}{\sin x} & , x \in (-\pi, 0) \cup (0, \pi) \\ 1 & , x = 0 \end{cases}$$

dire se essa è continua nel punto $x_0 = 0$; *se non lo è, dire se* $x_0 = 0$ *è un punto di discontinuità eliminabile.*

Esercizio 3.3 *Data la funzione*

$$f : y = f(x) = \begin{cases} \frac{e^{\sin x} - 1}{\tan x} & , x \in (-\frac{\pi}{2}, 0) \cup (0, \frac{\pi}{2}) \\ 2 & , x = 0 \end{cases}$$

dire se essa è continua nel punto $x_0 = 0$; *se non lo è, dire se* $x_0 = 0$ *è un punto di discontinuità eliminabile.*

Esercizio 3.4 *Data la funzione*

$$f : y = f(x) = \begin{cases} x^2 & , x \in (-\infty, 0) \\ 1 & , x = 0 \\ x \cdot \log x + 1 & , x \in (0, +\infty) \end{cases}$$

dire:

1. *se essa è continua; se non lo è, quali sono i suoi punti di discontinuità e di che tipo.*

2. *se le sue restrizioni di dominio rispettivamente:* $A_1 = (-\infty, 0)$; $A_2 = [0, 1]$ *ed* $A_3 = (1, +\infty)$ *sono continue.*

Esercizio 3.5 *Dato l'insieme* $E = \{x_n \in \mathbb{R} : x_n = \frac{\pi}{2} + \frac{1}{n}, n \in \mathbb{N}\}$ *e la funzione*

$$f : y = f(x) = \begin{cases} -\sin x & , x \in E \\ |\cos x| & , x \in \mathbb{R} - E \end{cases}$$

dire quali sono i suoi punti di discontinuità e classificarli.

Esercizio 3.6 *Dato l'insieme* $E = \{x_n \in \mathbb{R} : x_n = 1 - \frac{1}{n}, n \in \mathbb{N}\}$ *e la funzione*

$$f : y = f(x) = \begin{cases} e^x & , x \in E \\ x \cdot \sin \frac{1}{x} & , x \in \mathbb{R} - E \end{cases}$$

dire:

1. *quali sono i suoi punti di discontinuità e classificarli.*

2. *se esiste l'asintoto orizzontale per* $x \to \pm\infty$.

Esercizio 3.7 *Data la funzione*

$$f : y = f(x) = \begin{cases} \frac{x^3 - 1}{x - 1} & , x \in (-\infty, 1) \cup (1, +\infty) \\ \lambda & , x = 1 \quad (\text{con } \lambda \in \mathbb{R}) \end{cases}$$

dire:

1. quale valore occorre attribuire al parametro λ affinché essa sia continua.

2. nel caso in cui a λ si attribuisca un valore diverso da quello per cui f è continua, se è certo che il punto $x_0 = 1$ è un punto di discontinuità eliminabile.

Esercizio 3.8 *Data la funzione*

$$f : y = f(x) = \begin{cases} \frac{\sqrt{x^2-1}}{|x-5|+1} & , x \in (-\infty, -1) \cup (1, +\infty) \\ |-x^2 + \lambda^2| & , x \in [-1, 1] \quad (\text{con } \lambda \in \mathbb{R}) \end{cases}$$

dire se esistono valori del parametro λ per cui essa è continua.

Esercizio 3.9 *Data la funzione la cui legge d'associazione f è rappresentata dalla "formula"*

$$y = \frac{(\lambda^2 + 2\lambda - 3)x^4 + x}{(\lambda^2 + \lambda + 2)x^3 + 1} \quad (\text{con } \lambda \in \mathbb{R})$$

dire:

1. *quale è il suo dominio.*

2. *se essa è continua.*

3. *se ha punti singolari.*

4. *per quali valori di λ il suo diagramma cartesiano ha l'asintoto orizzontale per $x \to \pm\infty$.*

Esercizio 3.10 *Data la funzione*

$$f : y = f(x) = \begin{cases} \sin x & , x \in (-\infty, 0] \\ ax^2 + bx + c & , x \in (0, +\infty) \end{cases}$$

(con $a, b, c \in \mathbb{R}$) dire se è possibile determinare a, b, c in modo che essa sia continua in $x_0 = 0$.

Esercizio 3.11 *Data la funzione*

$$f : y = f(x) = \begin{cases} |x|^\alpha \cdot \sin \frac{1}{x^2} &, x \in (-\infty, 0) \cup (0, +\infty) \\ 0 &, x = 0 \end{cases}$$

(con $\alpha > 0$) dire:

1. *per quali valori di α essa è continua in $x_0 = 0$.*

2. *se esistono valori di α per cui il suo diagramma cartesiano è dotato di asintoti orizzontali per $x \to \pm\infty$.*

Esercizio 3.12 *Classificare i punti di discontinuità della funzione*

$$f : y = f(x) = \begin{cases} x! &, x \in \mathbb{N} \\ \cos x &, x \in \mathbb{R} - \mathbb{N} \end{cases}.$$

Esercizio 3.13 *Classificare i punti singolari delle funzioni le cui leggi d'associazione sono rappresentate dalle "formule":*

a) $y = \dfrac{4}{2 - 2^{\frac{1}{\log x}}}$

b) $y = \dfrac{1}{3^{\frac{1}{x}} - 3}$

c) $y = \dfrac{\log(1 + x^2) + x \cdot \sin(2x)}{\sqrt{|x|^5} \cdot (e^{\sqrt{|x|}} - 1)}$

A titolo di esempio risolviamo gli esercizi 3.1, 3.3, 3.5, 3.9, 3.11 e 3.13a.

Esercizio 3.1
Da $-1 \leq \sin \frac{1}{x} \leq 1$ segue $-x \leq x \cdot \sin \frac{1}{x} \leq x$ e, per il *Teorema 2.14 (Teorema dei carabinieri)*, si ha $\lim\limits_{x \to 0}(x \cdot \sin \frac{1}{x}) = 0$ quindi il punto $x_0 = 0$ è un punto di continuità per la funzione.

Esercizio 3.3

Poiché $\lim_{x \to 0} f(x) = \lim_{x \to 0} \frac{e^{\sin x}-1}{\tan x} = \lim_{x \to 0} \frac{\sin x}{\tan x} = \lim_{x \to 0} \cos x = 1 \neq f(0) = 2$ concludiamo che $x_0 = 0$ è un punto di discontinuità della funzione; si tratta di un punto di discontinuità eliminabile.

Esercizio 3.5

Il dominio della funzione è $A = E \cup (\mathbb{R} - E) = \mathbb{R}$.

L'insieme E è il codominio della successione $x_n = \frac{\pi}{2} + \frac{1}{n}$, $n \in \mathbb{N}$ la quale è monotona decrescente ed ha come limite il punto $x_0 = \frac{\pi}{2}$ che appartiene a $\mathbb{R} - E$.

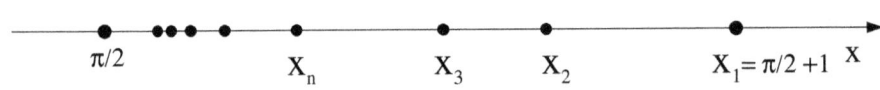

Figura 3.19

Poiché ad ogni intorno $I(x_n, \delta)$ di x_n con

$$\delta < \min\{x_n - x_{n+1}, \; x_{n-1} - x_n\} = \frac{1}{n(n+1)}$$

l'unico punto di E che vi appartiene è x_n mentre tutti gli altri punti appartengono a $\mathbb{R} - E$, concludiamo che ogni punto $x_n \in E$ è punto isolato di E e punto d'accumulazione per $\mathbb{R} - E$.

La funzione è continua in $x_n \in E$ se

$$\lim_{(x \in \mathbb{R}-E) \to x_n} f(x) = f(x_n).$$

Siccome

$$\lim_{(x \in \mathbb{R}-E) \to x_n} f(x) = \lim_{(x \in \mathbb{R}-E) \to x_n} |\cos x| = |\cos x_n| = |\cos(\frac{\pi}{2} + \frac{1}{n})| =$$

$$= |-\sin\frac{1}{n}| = \sin\frac{1}{n} \neq f(x_n) = -\sin(\frac{\pi}{2} + \frac{1}{n}) = -\cos\frac{1}{n}$$

concludiamo che ogni punto $x_n \in E$ è per la funzione *un punto di discontinuità eliminabile*.

Per quanto riguarda il punto $x_0 = \frac{\pi}{2}$, poiché ad ogni suo intorno appartengono sia punti di E che di $\mathbb{R} - E$, esso è punto di accumulazione sia per E che per $\mathbb{R} - E$ e pertanto la funzione è continua in esso se risulta

$$\lim_{(x \in E) \to \frac{\pi}{2}} f(x) = \lim_{(x \in \mathbb{R}-E) \to \frac{\pi}{2}} f(x) = f(\frac{\pi}{2})$$

Poiché

$$\lim_{(x \in E) \to \frac{\pi}{2}} f(x) = \lim_{(x \in E) \to \frac{\pi}{2}} (-\sin x) = -\sin \frac{\pi}{2} = -1$$

e

$$\lim_{(x \in \mathbb{R}-E) \to \frac{\pi}{2}} f(x) = \lim_{(x \in \mathbb{R}-E) \to \frac{\pi}{2}} |\cos x| = |\cos \frac{\pi}{2}| = 0$$

concludiamo che

$$\nexists \lim_{x \to \frac{\pi}{2}} f(x)$$

e pertanto il punto $x_0 = \frac{\pi}{2}$ è *un punto di discontinuità non eliminabile*.

Esercizio 3.9

1. Il dominio A della funzione la cui legge d'associazione f è rappresentata dalla "formula"

   $$y = \frac{(\lambda^2 + 2\lambda - 3)x^4 + x}{(\lambda^2 + \lambda + 2)x^3 + 1} \quad (\text{con } \lambda \in \mathbb{R})$$

   è

   $$A = \{x \in \mathbb{R} : (\lambda^2 + \lambda + 2)x^3 + 1 \neq 0\} =$$
   $$= \{x \in \mathbb{R} : x^3 \neq -\tfrac{1}{\lambda^2+\lambda+2}\} =$$
   $$= (-\infty, -\tfrac{1}{\sqrt[3]{\lambda^2+\lambda+2}}) \cup (-\tfrac{1}{\sqrt[3]{\lambda^2+\lambda+2}}, +\infty)$$

2. si tratta di una funzione continua perché rapporto delle due funzioni

$$f_1 : y = f_1(x) = (\lambda^2 + 2\lambda - 3)x^4 + x \quad , x \in A$$
$$f_2 : y = f_2(x) = (\lambda^2 + \lambda + 2)x^3 + 1 \quad , x \in A$$

che sono continue.

3. il punto $x_0 = -\frac{1}{\sqrt[3]{\lambda^2+\lambda+2}}$ è l'unico punto singolare della funzione.

4. il diagramma cartesiano della funzione ha l'asintoto orizzontale per $x \to \pm\infty$ se esiste finito

$$\lim_{x \to \pm\infty} f(x) = \lim_{x \to \pm\infty} \frac{(\lambda^2 + 2\lambda - 3)x^4 + x}{(\lambda^2 + \lambda + 2)x^3 + 1}.$$

Ciò accade se la funzione che compare al numeratore è un infinito per $x \to \pm\infty$ di ordine inferiore rispetto a quello che compare al denominatore; ciò accade se $\lambda^2 + 2\lambda - 3 = 0$ cioè se

$$\lambda = \frac{-1 \pm \sqrt{1+3}}{1} = -1 \pm 2 = \begin{cases} +1 \\ -3 \end{cases}$$

Con tali valori di λ risulta infatti $\lim_{x \to \pm\infty} f(x) = 0$.

Esercizio 3.11

1. Poiché $\lim_{x \to 0} f(x) = \lim_{x \to 0} \left(|x|^\alpha \cdot \sin \frac{1}{x^2} \right) = 0 = f(0)$ concludiamo che $\forall \alpha > 0$ la funzione è continua in $x_0 = 0$.

2. Poiché la funzione è pari, se esiste l'asintoto orizzontale per $x \to +\infty$ esiste anche per $x \to -\infty$ e si tratta della stessa retta.

    Limitiamoci pertanto ad esaminare l'esistenza dell'asintoto orizzontale per $x \to +\infty$.

    Quest'ultimo esiste se esiste finito $\lim_{x \to +\infty} f(x)$.

Si ha:

$$\lim_{x\to+\infty} f(x) = \lim_{x\to+\infty} |x|^\alpha \cdot \sin\tfrac{1}{x^2} = \lim_{x\to+\infty} x^\alpha \cdot \tfrac{1}{x^2} =$$

$$= \lim_{x\to+\infty} \tfrac{x^\alpha}{x^2} = \begin{cases} 0 & \text{se } \alpha < 2 \\ 1 & \text{se } \alpha = 2 \\ +\infty & \text{se } \alpha > 2 \end{cases}$$

Conclusione:

l'asintoto orizzontale esiste se è $\alpha \leq 2$.

Esercizio 3.13 a)
La funzione, della quale la "formula" data ne rappresenta la legge d'associazione, è:

$$f : y = f(x) = \frac{4}{2 - 2^{\frac{1}{\log x}}},$$
$$x \in A = \{x \in \mathbb{R} : x > 0; x \neq 1; x \neq e\} = (0,1) \cup (1,e) \cup (e,+\infty).$$

La funzione, essendo continua, ha solamente i punti singolari $x_0 = 0$, $x_1 = 1$, $x_2 = e$.
Studiamoli!

$$\lim_{x\to 0} f(x) = \lim_{x\to 0^+} \frac{4}{2 - 2^{\frac{1}{\log x}}} = 4$$

il punto $x_0 = 0$ è un punto singolare eliminabile.
Poiché:

$$\lim_{x\to 1^-} f(x) = 2 \quad \text{e} \quad \lim_{x\to 1^+} f(x) = 0$$

segue che $\nexists \lim_{x\to 1} f(x)$ e pertanto il punto $x_1 = 1$ è un punto singolare non eliminabile; si tratta di un punto di discontinuità di 1^a specie.
Poiché

$$\lim_{x\to e^-} f(x) = -\infty \quad \text{e} \quad \lim_{x\to e^+} f(x) = +\infty$$

segue che $\nexists \lim_{x\to e} f(x)$ e pertanto il punto $x_2 = e$ è un punto singolare non eliminabile, si tratta di un punto d'infinito.

Quesiti sull'uniforme continuità

Data una funzione $f : y = f(x)$, $x \in A \subseteq \mathbb{R} \subset \widetilde{\mathbb{R}}$ dire quali delle seguenti affermazioni sono vere e quali false:

1. Se f è continua allora non è detto che sia uniformemente continua.

2. Se f è uniformemente continua allora sono tali tutte le sue restrizioni.

3. Se f è una restrizione di una funzione uniformemente continua allora anche essa è uniformemente continua.

4. Se f non verifica le ipotesi del *teorema di Heine-Cantor* allora sicuramente essa non è uniformemente continua.

5. Se f non verifica le ipotesi del *teorema di Heine-Cantor* allora essa può essere uniformemente continua.

6. Se f è continua ed ha qualche punto di infinito allora sicuramente non è uniformemente continua.

7. Se f è uniformemente continua allora sicuramente essa è limitata.

8. Se f è uniformemente continua, ogni sua restrizione avente per dominio un sottoinsieme limitato di A è limitata.

9. Se f è continua, $A = [0, +\infty)$ e $\lim\limits_{x \to +\infty} f(x) = \pm\infty$ non è detto che essa sia uniformemente continua.

10. Se f è continua e periodica allora sicuramente essa è uniformemente continua.

A titolo di esempio rispondiamo ai quesiti 6., 9. e 10.
Quesito 6.
L'affermazione è vera perché se consideriamo ad esempio una restrizione della funzione avente per dominio un intervallo limitato di cui il punto d'infinito è un estremo, quest'ultima non è uniformemente continua per il *Teorema 3.16* quindi neanche la funzione data lo è.

Quesito 9.

L'affermazione è vera perché la funzione potrebbe verificare l'ipotesi del *Teorema 3.26* e quindi non essere uniformemente continua.

Quesito 10.

L'affermazione è falsa perché se non é $A = \mathbb{R}$ la funzione potrebbe avere dei punti d'infinito e quindi non essere uniformemente continua.

Esercizi sull'uniforme continuità

Esercizio 3.14 *Dire quali delle seguenti funzioni sono uniformemente continue:*

1. $f : y = f(x) = \dfrac{\sin x}{x}$, $\qquad x \in A = (-\infty, 0) \cup (0, +\infty)$

2. $f : y = f(x) = \dfrac{5}{3 + \cos x}$, $\qquad x \in A = (-\infty, +\infty)$

3. $f : y = f(x) = \dfrac{\sin x}{\sqrt{x}}$, $\qquad x \in A = (0, +\infty)$

4. $f : y = f(x) = \dfrac{x}{x^2 + 1}$, $\qquad x \in A = (-\infty, +\infty)$

5. $f : y = f(x) = \dfrac{3x^2 + 4}{x^2 + 7}$, $\qquad x \in A = (-\infty, +\infty)$

6. $f : y = f(x) = \sin^2 x$, $\qquad x \in A = (-\infty, +\infty)$

7. $f : y = f(x) = e^{\cos x}$, $\qquad x \in A = (-\infty, +\infty)$

8. $f : y = f(x) = e^{-x^3}$, $\qquad x \in A = (-\infty, +\infty)$

9. $f : y = f(x) = \sin(\text{arccotan} x)$, $\qquad x \in A = (-\infty, +\infty)$

10. $f : y = f(x) = \sin \dfrac{1}{x}$, $\qquad x \in A = (0, 1]$

11. $f : y = f(x) = \sin \dfrac{1}{x}$, $\qquad x \in A = (1, 1000]$

12. $f : y = f(x) = \sin \dfrac{1}{x}$, $\qquad x \in A = (0, +\infty)$

Risolviamo a titolo di esempio gli esercizi dei punti 2., 3., 7.

Punto 2.
La funzione è uniformemente continua perchè verifica le ipotesi del *Teorema 3.21*.

Punto 3.
La funzione f è uniformemente continua. Il punto $x_0 = 0$ è infatti un punto singolare eliminabile e la funzione data è restrizione della funzione

$$f^* : y = f^*(x) = \begin{cases} \frac{\sin x}{\sqrt{x}} & , x \in (0, +\infty) \\ 0 & , x = 0 \end{cases}$$

la quale verifica le ipotesi del *teorema 3.22*.

Punto 7.
La funzione è uniformemente continua perchè verifica le ipotesi del *teorema 3.21*.

Risposte agli esercizi del Capitolo 3

Quesiti su continuità e punti singolari

1. Vera
2. Vera
3. Vera
5. Vera
6. Falsa
7. Vera
8. Vera
11. Vera
12. Vera
13. Vera
14. Falsa
15. Vera
16. Falsa
17. Falsa
19. Vera

21. Vera

22. Vera

Esercizi su continuità e punti singolari

Risposta 3.2
Il punto $x_0 = 0$ è un punto di singolarità eliminabile.

Risposta 3.4

1. Il punto $x_0 = 0$ é un punto di discontinuità non eliminabile.

2. Le tre restrizioni sono continue.

Risposta 3.6

1. Tutti i punti di E sono punti di discontinuità eliminabile; il punto $x_0 = 1$ è punto di discontinuità non eliminabile.

2. La retta d'equazione $y = 1$ è asintoto orizzontale per $x \to +\infty$.

Risposta 3.7

1. $\lambda = 3$

2. Si

Risposta 3.8
$\lambda = \pm 1$.

Risposta 3.10
f è continua in $x_0 = 0$, $\forall a, b \in \mathbb{R}$ e $c = 0$.

Risposta 3.12
Tutti i punti di $\mathbb{N}$ sono punti di discontinuità eliminabile.

Risposta 3.13

b) $x_0 = 0$ è punto di discontinuità di 1^a specie e $x_1 = 1$ è punto di discontinuità di 2^a specie.

c) $x_0 = 0$ è punto di discontinuità eliminabile.

Quesiti sull'uniforme continuità

1. Vera
2. Vera
3. Vera
4. Falsa
5. Vera
7. Falsa
8. Vera

Esercizi sull'uniforme continuità

Le funzioni dei punti 1., 4., 5., 6., 8., 9. e 11. sono uniformemente continue; le funzioni dei punti 10. e 12. non lo sono.

www.ingramcontent.com/pod-product-compliance
Lightning Source LLC
Chambersburg PA
CBHW080241180526
45167CB00006B/2375